GANSU SHENG DIANXING KUANGCHUANG XILIE
BIAOBEN JI GUANGBAOPIAN TUCE
FEIJINSHU YUSHI KUANG

甘肃省典型矿床系列标本及光薄片图册

非金属　玉石矿

刘　龙　段　凯　张海峰　著

甘肃科学技术出版社

图书在版编目（CIP）数据

甘肃省典型矿床系列标本及光薄片图册. 非金属、玉
石矿 / 刘龙, 段凯, 张海峰著. -- 兰州 : 甘肃科学技
术出版社, 2023.7
　　ISBN 978-7-5424-3081-6

　　Ⅰ. ①甘… Ⅱ. ①刘… ②段… ③张… Ⅲ. ①非金属
矿－矿床－甘肃－图集②玉石－矿床－甘肃－图集 Ⅳ.
①P61-64

中国国家版本馆CIP数据核字(2023)第125629号

甘肃省典型矿床系列标本及光薄片图册　非金属、玉石矿

刘　龙　段　凯　张海峰　著

责任编辑　陈学祥　于佳丽
装帧设计　雷们起

出　版　甘肃科学技术出版社
社　址　兰州市城关区曹家巷1号　　730030
电　话　0931-2131572（编辑部）　　0931-8773237（发行部）

发　行　甘肃科学技术出版社　　印　刷　甘肃兴业印务有限公司
开　本　787毫米×1092毫米　1/16　印　张　11.25　插　页　4　字　数　203千
版　次　2023年9月第1版
印　次　2023年9月第1次印刷
印　数　1~2900
书　号　ISBN 978-7-5424-3081-6　　定　价：128.00 元

前　言

　　甘肃省是建材非金属矿种类分布较多的省份之一，截至 2010 年底，甘肃省已发现各类建材非金属矿 91 种（含亚矿种），已探明储量的矿种 52 种。许多矿种的储量在中国位居前列，中华人民共和国成立以来，矿产资源的勘查与开发取得了较大的成绩，对甘肃省的经济建设，乃至国家的建设起到了至关重要的作用。但在地域广阔的国土上勘查类型众多的矿产资源，往往需要地质人员付出极大的艰辛和努力。如何更好、更有效地勘查矿产资源成为地质工作者长期以来研究和攻关的方向。

　　勘查开发过程中形成了两种类型的成果，即资源储量和实物地质资料。准确的资源储量为进一步的资源开发提供了依据，可直接形成社会及经济效益。实物地质资料，是在地质工作过程中形成的重要地质工作记录载体，更多地体现在档案价值和科研价值上。实物地质资料原始、客观地反映了地质体的原貌，是地质勘查过程不可或缺的重要依据。如何对实物地质资料中所蕴含的地质信息进行挖掘和提取，是实物地质资料工作中的一项重要工作内容。

　　甘肃地质博物馆是甘肃省的实物地质资料馆藏机构，一直以来秉持着"典型性、代表性、特殊性、系统性"的收藏原则，通过几十年的收藏与采集，现已基本形成覆盖甘肃全省，涵盖矿产、区调、科学研究等方面的实物地质资料馆藏资源体系构架。特别是在矿产方面，2014 — 2016 年实施的甘肃省基础地质调查类"甘肃省典型矿床岩矿石标本抢救性采集"项目，对甘肃省涉及金、铁、镍、铜、铅锌等矿种的 18 个典型矿床作了较为系统的岩矿石标本抢救性采集工作。

2020—2021 年实施的"甘肃省典型矿床系列标本及光薄片图册编著（非金属、玉石矿）"项目，对甘肃省的非金属、玉石矿等 11 个典型矿床进行了较为系统的岩矿石标本采集，把所采集的标本交甘肃地质博物馆收藏，与抢救性采集标本、金矿图册编著采集的标本、铁镍铜铅锌钨钼锑和稀土矿图册编著采集的标本共同构建起典型矿床的标本资源体系。

已采集和入库的实物地质资料标本，是通过测制剖面、矿体追索等多种形式采集完成的，基本可全面覆盖与成矿关系较为密切的赋矿围岩、蚀变岩、矿体等主要地质体，可从成矿角度较为系统地恢复矿山的地质成矿环境。因此，此次工作中，我们拟通过图册的形式，将甘肃省非金属、玉石矿等 10 个矿种，11 个代表性强、资料丰富的典型矿床标本及其相应的薄片、光片等图文并茂地展现出来，充分展示其所蕴含的地质信息，供地质科研工作者、高校教学、社会科普活动参考使用。

本图册的出版，是甘肃省地质调查工作的一项重要成果，更是无数常年奋战在野外一线地质工作者的智慧结晶，借此机会向所有地质工作者表示诚挚的敬意。由于时间仓促，本图册难免存在疏漏和不足之处，恳请各位读者给予包容和理解，提出宝贵意见。

编　者
2021 年 9 月

目 录

001……第一章　绪　言

第一节　目的任务 / 003

第二节　研究程度、研究现状及存在的问题 / 004

第三节　图册入选矿床的筛选 / 007

第四节　研究思路、研究内容 / 008

第五节　主要成果 / 009

第六节　参加人员及分工 / 010

011……第二章　石墨矿

第一节　矿种介绍 / 013

第二节　沉积－变质层控型石墨矿 / 015

027……第三章　石榴子石矿

第一节　矿种介绍 / 029

第二节　沉积变质型石榴子石矿 / 031

047……第四章　萤石矿

第一节　矿种介绍 / 049

第二节　充填交代型萤石矿 / 051

063……第五章　滑石菱镁矿

第一节　矿种介绍 / 065

第二节　岩浆热液交代型菱镁矿 / 067

077……第六章　石膏矿

　　第一节　矿种介绍　/　079

　　第二节　泻湖相沉积型石膏矿床　/　080

091……第七章　方解石矿

　　第一节　矿种介绍　/　093

　　第二节　中低温热液充填交代型方解石矿床　/　094

101……第八章　红柱石矿

　　第一节　矿种介绍　/　103

　　第二节　热液蚀变型红柱石矿床　/　104

117……第九章　重晶石矿

　　第一节　矿种介绍　/　119

　　第二节　沉积型重晶石矿床　/　121

131……第十章　玉石矿

　　第一节　矿种介绍　/　133

　　第二节　矿床介绍　/　134

171……结　语

172……参考文献

第一章 绪 言

第一节 目的任务

本图册是在甘肃省矿产资源调查评价、甘肃省重要矿产区域成矿规律研究等重大科技专项项目共同支撑下综合完成的，以2020年第二批甘肃省基础地质调查项目"甘肃省典型矿床系列标本及光薄片图册编著（非金属、玉石矿）"项目为经费来源。

研究的目的任务为以下4个方面：

1. 系统收集甘肃省典型非金属、玉石矿（本项目拟选的11个典型矿床）的地质勘查及科研成果资料，分析研究矿床的成矿地质背景、矿床特征、成矿规律、矿床成因，矿床成矿模式等，为本次图册的编著提供技术支撑。

2. 系统采集拟选的典型矿床的岩矿石标本（采集的标本能够反映矿床的成矿地质背景、矿床特征、矿石特征），对其进行宏观、微观研究，描述岩矿石的宏观、微观特征，系统总结每个典型矿床岩矿石的宏、微观特征。

3. 编著《甘肃省典型矿床系列标本及光薄片图册——非金属、玉石矿》，图册真实、直观地反映矿床地质特征、矿体特征、矿石特征，标本与图册相对应，以期达到打开图册如到矿山之效。

4. 制作与图册对应的科普展陈实物标本教具。

第二节　研究程度、研究现状及存在的问题

一、研究程度和研究现状

甘肃省是建材非金属矿种类分布较多的省份之一，截至 2010 年底，甘肃省已发现各类建材非金属矿 91 种（含亚矿种），已探明储量的矿种 52 种。分布广泛，又相对集中，主要分布在阿尔金山、祁连山和西秦岭，次为北山，东部黄土高原分布较少。

冶金辅助原料矿产：红柱石、菱镁矿、普通萤石矿、熔剂用灰岩、冶金用白云岩、冶金用石英岩、冶金用脉石英、耐火黏土、铸型用黏土等 9 种。

红柱石矿：产于漳县马路里，保有储量 392.45 万吨（矿物），居全国第三位。

菱镁矿：省内已发现矿产地 6 处，主要分布在甘肃河西区的别盖、四道红山等地，累计探明储量 3 086.7 万吨，保有储量 3 082.9 万吨，居全国第五位。矿石质量以三级品为主，占总储量的 97.26%，其次为二级品，MgO_4 4.05%、CaO 4.71%，工作程度为详查。主要用途是作为耐火材料。

萤石：甘肃省萤石资源比较丰富，已发现矿产地 42 处，省内保有储量占全国第 17 位，资源主要分布在河西金塔县鸡心山、红沟，永昌县夹道头沟等地。

化工原料非金属矿产：硫铁矿、硫、明矾石、芒硝、重晶石、电石用灰岩、制碱用灰岩、化肥用蛇纹岩、泥炭、盐、钾盐、砷、伴生砷、磷、硫化铜等 15 种。

重晶石：主要（99%）分布于肃南县镜铁山桦树沟铁矿区（伴生）和文县东风沟重晶石矿区，全省保有储量 4 406.9 万吨，居全国第三位。

建材及其他非金属矿产：石墨、滑石、石棉、长石、石榴子石（砂矿）、叶蜡石、透辉石、蛭石、沸石、石膏、方解石、宝石（绿柱石）、建筑用砂、水泥用料（灰岩、大理岩、砂、黏土、红土、黄土）、玻璃用料（白云岩、石英岩、砂岩、砂）、陶瓷土、膨润土、岩棉用玄武岩、饰面用材料（蛇纹岩、花岗岩、大理岩）等30种。

蛇纹岩：武山县鸳鸯镇蛇纹岩矿区累计探明储量702万立方米，保有储量690万立方米，居全国第一位。已经开发利用。2012—2014年，甘肃省地质矿产勘查开发局水文地质工程地质勘察院对肃南县老君庙蛇纹岩矿进行了普查，累计探明储量 73.89×10^4t，目前尚未开发利用。

非金属、玉石矿包括在以上化工原料非金属矿产和建材及其他非金属矿产中。

北山地区主要有沉积型钒、磷、铀矿，其次是矽卡岩型萤石矿、大理岩、白云母、重晶石、蛇纹石、宝玉石及硅灰石等矿床。

祁连山地区主要有石灰岩、白云岩、菱铁矿、重晶石、石膏等矿床。

西秦岭地区主要有重晶石、石灰岩、白云岩、煤、锰、磷等矿床。

龙首山地区主要是沉积变质型磷矿、铀矿及稀土矿、膨润土、白云岩、石英岩等矿床。

河西走廊地区主要有石油、煤炭及沉积型食盐、芒硝、石膏、萤石、水泥灰岩，其次为黏土等。

阿尔金山地区主要有石棉、铁、锰、铜矿床，其次是煤、云母矿、蓝晶石、石榴子石等。

非金属矿床的研究成果有：编制了全省的1:50万水泥用灰岩矿产图及说明书、1:20万石膏矿产图及说明书、1:100万建材非金属矿分布规律图等。本项目拟选的11个典型矿床的普查、详查报告及部分矿山的勘探报告，专题研究报告等。这些成果是本项目标本采集、图册编著遴选典型矿床的主要工作依据，同时也是新时期典型矿床地学科普工作的理论支撑。

二、存在的问题

1. 以往只重视找矿和成矿理论研究，没有科普任务，也没有科普意识，所采集的标本尚未利用其进行系列深度科普。

2. 以往的光薄片、标本图片及描述散见于各单项地质报告中，且部分报告或缺乏图片，更是没有实物标本，因此需要重新采集、归纳、整理、鉴定研究。这项工作既是科学研究，又具有科普的性质。图册既可作为地质工作者研究矿床的工具书，又是地学业余爱好者了解甘肃矿床类型，认识矿石奥秘的科普读物，配套的标本是人们认识矿产资源的实物，最具直观性和可触摸感知性。

3. 没有将全省典型非金属、玉石矿矿床标本、光薄片以及其地质特征汇集于一册，因此很有必要将全省典型非金属、玉石矿等矿床不同类型矿石标本的宏观、微观特征（结构、构造、矿物组成、变形变质及岩石蚀变特征等）用图片及说明文字的方式配合必要的矿区地质图件作全面与系统地整理。

第三节 图册入选矿床的筛选

　　本次工作非金属矿床的遴选秉持"典型性、代表性、特殊性、系统性"的原则，玉石矿采集以品质好、类型特殊、具有观赏性为原则，主要体现矿床规模、成因类型、成矿区带分布等方面，同时考虑标本采集的可能性。

　　根据以上对甘肃省优势矿种的分析，筛选出 9 个非金属矿种 8 个矿床和 2 个玉石矿种 3 个矿床。非金属矿种有石墨、石榴子石、萤石、滑石、菱镁矿、石膏、方解石、红柱石、重晶石，相对应的矿床为肃北县敖包山晶质石墨矿、阿克塞县六五沟石榴子石矿、金塔县鸡心山萤石矿、金塔县四道红山滑石菱镁矿、天祝县火烧城石膏矿、临洮县中铺蒋家山方解石矿、漳县马路里红柱石矿、文县东风沟重晶石矿；玉石矿种为石英岩玉、蛇纹岩玉，矿床为瓜州县玉石山石英岩玉矿、肃南县老君庙蛇纹岩玉矿、武山县鸳鸯蛇纹岩玉矿。这些矿山企业是甘肃省重要的非金属资源基地，对甘肃省的矿业经济发展发挥着重要作用。

第四节　研究思路、研究内容

一、研究思路及技术路线

本图册全面收集了已有勘查和研究资料的 11 个典型矿床，在此基础上，系统采集能够反映矿床的成矿地质背景、矿床特征、矿石特征、矿床成因等的岩矿石标本，着重进行矿石矿物的微观特征研究，挖掘和提取岩矿石标本中所蕴含的地质信息。

1. 充分利用、整合现有的各类资料，包括已实施的甘肃省典型矿床岩矿石标本抢救性采集项目成果，为本次图册编著提供技术及实物支持。

2. 深入剖析和领会地学的科学内涵，将地学研究成果转化成图册。

3. 充分利用实物标本，将图册内描述的所有标本以及光薄片的鉴定成果，制成科普展陈实物标本教具。

二、研究内容

1. 系统收集了甘肃省典型非金属、玉石矿床（本项目选定的 11 个典型矿床）的地质勘查及科研成果资料，分析研究矿床的成矿地质背景、矿床特征、成矿规律、矿床成因、矿床成矿模式等，为图册编著提供技术支撑。

2. 系统采集了典型非金属、玉石矿床的岩矿石标本（采集的标本能够反映矿床的成矿地质背景、矿床特征、矿石特征），对其进行宏观、微观研究，描述岩矿石的宏观、微观特征。

3. 以研究科研、科普读物的表现手法编著了本书，真实、直观地反映了矿床地质特征、矿体特征、矿石特征。

第五节　主要成果

本图册的主要成果有：

（1）通过对《甘肃省典型矿床系列标本及光薄片图册——非金属、玉石矿》的编著，较系统地阐述了 11 个典型矿床的成矿地质背景、矿床地质特征、矿石特征、成矿模式、矿床标本简介、岩矿石光薄片图版及说明等内容。达到了打开图册如到矿山之效。是一册比较全面了解甘肃省典型矿床地质特征的参考资料。

（2）采集的岩矿石标本较系统地反映了每个矿床的矿区地质特征、矿石特征、围岩蚀等特征，标本规格一般为 3cm×6cm×9cm，标本装盒制作成科普展陈标本教具，为甘肃省典型矿床的科普展陈提供了较翔实的实物资料。

（3）通过对标本不同的截面磨制薄片进行鉴定，系统地描述了岩石的结构、构造、矿物成分、变形、蚀变和共生组合等特征，确定岩石的名称。对矿石进行了光片鉴定，系统观察矿石的结构、构造以及不透明矿物的组成、含量、矿物的赋存状态和生成顺序等。同时采用像素大于 500 万的摄像头，选择不同的视域，比对不同的明暗场和比例尺，拍摄出不但美观、大方，而且清晰、翔实的显微照片，照片上标出矿物代号（如 Gph，指石墨），使读者能更直观地认识甘肃省典型矿床岩矿石的微观特征。

第六节　参加人员及分工

　　"甘肃省典型矿床系列标本及光薄片图册编著（非金属、玉石矿）"项目由甘肃省地质矿产勘查开发局第三地质矿产勘查院完成，张海峰任项目负责，陈耀宇、柳生祥任技术指导，参与图册编著人员有刘龙、张海峰、段凯、蒲万峰、魏学平、黄登鹏、金黎红、张星。

　　本图册第一章至第八章（除标本镜下鉴定照片及其特征描述外）由刘龙、张海峰编写，第九章至第十二章由段凯、蒲万峰、黄登鹏、金黎红、张星编写。标本镜下鉴定照片及其特征描述及岩矿石鉴定由魏学平完成，磨片由刘生俊完成，金黎红完成标本照片的拍摄，标本采集由张海峰、金黎红、彭措完成。

　　最终由刘龙、张海峰、魏学平排版定稿。

第二章　石墨矿

第一节　矿种介绍

石墨是碳元素的结晶矿物之一，具有润滑性、化学稳定性、耐高温、导电、特殊的导热性和可塑性、涂敷性等优良性能，其应用领域十分广泛，更是国家重要的非金属矿产资源。大鳞片石墨作为一种战略资源，一些西方发达国家对其进行战略储备。近年来兴起的石墨烯更是一种"超级材料"，是非常薄也是非常坚硬的纳米材料，硬度超过钻石。石墨烯在室温下传递电子的速度比已知导体都快，可用来制造透明触控屏幕、光板，甚至太阳能电池，其导热系数高于碳纳米管和金刚石，而电阻率比铜或银更低，为目前电阻率最小的材料。晶质石墨广泛的应用领域必将带动石墨矿的勘查和开发，晶质石墨矿地质特征的研究和成矿带的划分对石墨找矿和勘查具有很好的指导作用。

甘肃省晶质石墨矿分布广泛，但地质勘查工作滞后，勘查程度较低，开发利用的矿床少。目前发现的晶质石墨矿（床）点共 13 处，主要分布在天水花庙一带（3 处）、民勤唐家鄂博山一带（3 处）、临泽西小口子（1 处）、瓜州大山头一带（3 处）、肃北鹰咀山一带（2 处）、肃北拉排沟（1 处）等。但是，仅民勤唐家鄂博山 1 处石墨矿进行了勘探工作并开发利用，其他矿点的地质工作仅为调查阶段。

晶质石墨矿一般位于古陆块的边缘，如肃北鹰咀山一带石墨矿位于敦煌陆块的南缘，瓜州大山头一带石墨矿位于敦煌陆块的北缘，民勤唐家鄂博山一带石墨矿和临泽西小口子石墨矿位于阿拉善陆块的南缘一带，共计有 9 处矿（床）点。另外还分布于秦祁昆造山系的蛇绿混杂岩带附近或其中，如天水花庙一带石墨矿位于商丹

石墨矿

蛇绿混杂岩带的北缘附近，肃北拉排沟石墨矿位于党河南山—拉脊山蛇绿混杂岩带中。成矿环境为岛弧或活动大陆边缘。

第二节　沉积－变质层控型石墨矿

——肃北县敖包山石墨矿

一、成矿地质背景

矿区属塔里木陆块区，敦煌地块，位于祁连造山带与敦煌地块的交接部位，阿尔金大断裂呈近东西向从勘查区南侧穿过，断裂、褶皱发育，侵入岩呈带状沿断裂分布，总体构造线方向呈近东西或北西西向展布。

敦煌岩群为最古老的结晶基底，在漫长的地质构造发展演化历程中，不同大地构造单元内，不同地块经受多期次强烈的构造变位和复杂的构造叠加、复合、改造及其多期次的构造—岩浆热事件作用，留下了沉积、岩浆活动、变质作用、构造变形以及成矿作用等方面的诸多地质纪录。

二、矿区地质特征

晶质石墨矿赋存地层太古宇—古元古界敦煌岩群 B 岩组（$ArPtD^b$），该岩组主要分布于阿尔金断裂以北的堆若格特复式向斜构造翼部。主要矿区除敖包山晶质石墨矿以外，还有大敖包沟晶质石墨矿、大案盆沟晶质石墨矿、白石头沟晶质石墨矿等。现将区内较典型的敖包山晶质石墨矿特征叙述如下：

勘查区出露的地层属太古宇—古元古界敦煌岩群（$ArPtD$），该地层贯穿于整个勘查区，按岩性组合特征划分为 B 岩组（$ArPtD^b$）和 C 岩组（$ArPtD^c$），其中 C 岩组又划分为 3 个岩段，本矿区仅出露二岩段与三岩段。B 岩组二岩段为晶质石墨

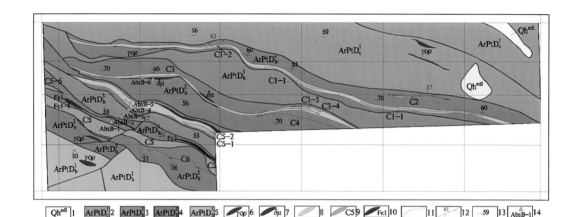

图 2-1 肃北县敖包山石墨矿矿区地质草图

（据胡小春等，敖包山石墨矿普查报告，2018，修改）

1—第四系全新统残坡积物；2—敦煌岩群 c 岩组一岩段：条带状二长片麻岩、斜长片麻岩、斜长角闪岩；3—敦煌岩群 b 岩组三岩段：含石墨透闪石化大理岩；4—敦煌岩群 b 岩组二岩段：二云石英片岩、石墨二云石英片岩、条带状黑云斜长片麻岩、含石墨透闪石化大理岩；5—敦煌岩群 b 岩组一岩段：斜长角闪片麻岩、条带状黑云斜长片麻岩、透闪石化大理岩；6—花岗伟晶岩脉；7—闪长斑岩脉；8—矿化带；9—晶质石墨矿体位置及编号；10—铁矿体位置及编号；11—实测地质界线；12—实测逆断层；13—正常地层产状；14—标本采集位置及编号。

矿主要的赋矿层位，晶质石墨矿（带）体的空间分布严格受其控制（图 2-1）。

矿区位于堆若格特复向形的转折端以东偏北约 10km 处，断裂及褶皱构造极为发育，次生的挠曲、片理及片麻理较为常见。

三、矿床特征

1.晶质石墨矿层特征

晶质石墨矿层在区域上延伸 40km 以上，分布相对集中，整体呈北东—南西向展布，走向 110°~120°，倾向上呈复式向斜构造。区内含矿层在敦煌岩群 B 岩群二岩段石墨二云石英片岩中，与顶底板围岩岩性一致，呈渐变过渡关系，在地表上重复出现，呈现出 4 层，各矿层间为 B 岩组第三岩段大理岩。

2.矿体特征

矿体赋存于敦煌岩群 B 岩群二岩段二云石英片岩中，总体呈 110°~120° 展布的向斜构造，石墨矿体在走向上连续出露长达 1490m，含矿岩石为二云石英片岩，与顶底板岩石岩性一致，呈渐变过渡关系；地表呈红褐色、褐黄色、土黄色，形成较为明显的宏观识别标志特征，局部地段具膨缩、揉皱现象，南部 C5、C6 矿体受两翼南倾的倒转向斜褶皱控制，南翼为倒转翼，核部为透闪石大理岩。受倒转褶皱影响，南翼 C5、C6 矿体地表产状南倾，深部逐渐转为北倾直至转折端才重新变为南倾。

共圈出晶质石墨矿体 21 条，呈层状、似层状分布，走向近东西，倾角 50°~70°。矿体长 100~1490m，厚度 2.11~51.11m，固定碳含量 2.46%~6.72%。控制矿体延深 50~580m，主矿体 C5 长 1130m。受南翼倒转向斜褶皱控制，褶皱南翼 C5 矿体平均厚 51.11m，固定碳含量 6.18%，深部延深 580m，褶皱北翼 C5 矿体平均厚 8.75m，固定碳含量 3.63%。

四、矿石特征

矿石矿物为晶质石墨、黄铁矿。脉石矿物白云母、石英及斜长石、钾长石。

矿石结构：鳞片粒状变晶结构、包含结构、自形－半自形结构、他形结构，其中鳞片粒状变晶结构是矿石的主要结构。

矿石构造：有片状构造和稀疏浸染状构造。

矿石类型全部为二云石英片岩型晶质石墨矿，矿体顶底板围岩均为二云石英片岩。

五、矿床成因

1. 控矿因素

勘查区内晶质石墨矿体赋存于敦煌岩群 B 岩组第二岩段的二云石英片岩中，矿体形态多为似层状、层状，矿体的顶底板围岩均为二云母石英片岩，与矿体呈渐变过渡关系，含矿岩系中各地层接触关系呈整合接触，为典型层控型矿床。

2. 成矿物质来源

敖包山晶质石墨矿赋存于敦煌岩群 B 岩组第二岩段的石墨二云母石英片岩中，矿石矿物主要为晶质石墨，勘查区的石墨主要赋存在太古宇—古元古界敦煌岩群，赋矿岩石以石墨二云母石英片岩为主，矿体的顶底板与赋矿岩石岩性一致，是一套典型的变质沉积岩组合含矿建造。矿体为层状、似层状和透镜状，产状与围岩片理及区域构造线方向一致。石墨呈显微鳞片－鳞片状分布于脉石矿物颗粒之间，说明石墨矿质与地层岩石同时沉积。勘查区内，没有与石墨矿同期或者更早期的岩浆活动派生产物，但在沉积后期有岩浆侵入，岩浆侵入造成围岩温度升高，并伴随有褐铁矿化、黄钾铁矾化、赤铁矿化、高岭土化及碳酸盐化等为主的混合岩化作用，致使石墨晶片随脉石矿物颗粒增大的过程中一再增大，并进一步聚集，从而形成本区的晶质石墨矿体。

3. 含矿层形成及其演化

根据矿床地质特征及矿石内矿物变晶特征，初步划分为沉积、区域变质两大成矿期。

沉积成矿期：伴随沉积成岩作用，碳质成分随岩石初步共同沉积，富集成矿源层。

区域变质成矿期：沉积成岩后，在区域变质作用过程中，碳质成分进一步富集，随着温度、压力等条件的改变，经过变质变晶，聚集形成晶质石墨。

形成石墨矿床的条件：①碳元素的富集；②较高的温度、压力；③还原环境。

据目前认识，晶质石墨的碳质主要来源于沉积岩中的有机质。有机质是随含泥的钙镁质同生沉积的，并形成富含有机质岩石，为晶质石墨矿床的形成奠定了物质基础。区域变质的持续作用，使得温度、压力、应力不断增大，变质作用也由浅变质最后进入中 – 深变质阶段，碳质也由土状过度为结晶鳞片状。混合岩化作用程度是晶质石墨能否具有工业价值的关键。混合岩化作用强烈，石墨发生重结晶，并形成大鳞片，但脉体物质相对增多，也造成晶质石墨分散、贫化。混合岩化太弱，结晶鳞片又太小，则无大的经济价值。因此，混合岩化对于晶质石墨来说，以中等程度为宜。

赋矿岩层为敦煌岩群 B 岩组二岩段二云石英片岩，原岩碳质含量较高，为石墨矿床的形成提供了物质来源，该区中深程度的区域变质作用使碳质结晶为鳞片状，混合岩化的广泛发育又不太强烈，使石墨重结晶形成的鳞片相对较大，提高了工业价值。

综上所述，初步认为敖包山晶质石墨矿矿床成因类型属沉积 – 变质层控型矿床。

六、矿床标本简述

肃北县晶质石墨矿区共采集岩矿石标本 6 块（表 2–1）。其中矿石标本 2 块，岩石标本4块，矿石标本岩性为灰色二长片麻岩型石墨矿、紫红色石墨矿化透辉石二长变粒岩；岩石标本岩性为深灰色含石榴石斜长角闪片岩、深灰色石榴石斜长角闪片岩、灰白色细中粒碱长花岗岩、浅肉红色中细粒二长花岗岩。本次采集的标本基本覆盖了敖包山晶质石墨矿不同类型的矿石、岩石及围岩，较全面地反映了北山地区沉积－变质层控型石墨矿床的地质特征。

表2-1　敖包山晶质石墨矿采集典型标本

序号	标本编号	标本岩性	标本类型	薄片编号	光片编号
1	AbsB-1	灰色二长片麻岩型石墨矿	矿石	Absb-1	Absg-1
2	AbsB-2	深灰色含石榴石斜长角闪片岩	围岩	Absb-2	
3	AbsB-3	深灰色石榴石斜长角闪片岩	围岩	Absb-3	
4	AbsB-4	灰白色细中粒碱长花岗岩	岩石	Absb-4	
5	AbsB-5	紫红色石墨矿化透辉石二长变粒岩	矿石	Absb-5	Absg-2
6	AbsB-6	浅肉红色中细粒二长花岗岩	岩石	Absb-6	

注：表中标本编号采用矿区名称汉语拼音首字母，如敖包山Abs，B代表标本，b代表薄片，g代表光片。

七、岩矿石标本及光薄片照片说明

照片2-1　AbsB-1

灰色二长片麻岩型石墨矿：风化面呈灰色，局部呈褐色，新鲜面为灰色，鳞片粒状变晶结构，片麻状构造。标本手摸略染手，矿石由石英（50%）、斜长石（20%）、白云母（7%）、钾长石（15%）和石墨等组成，石墨多分布在其他矿物的晶体粒间。各类矿物彼此的接触面从平直到弯曲状均有，长轴明显定向构成不完全片麻理。

 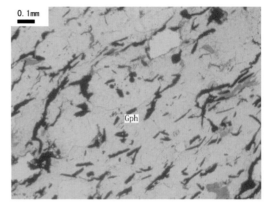

照片 2-2-1　Absb-1（单偏光）　　　　　照片 2-2-2　Absb-1（正交）

　　二长片麻岩型石墨矿：鳞片粒状变晶结构，不完全片麻状构造。垂直片麻理切制光片，石墨矿石由石英（Q 50%）、斜长石（Pl 20%）、白云母（Mu 7%）、钾长石（Kf 15%）和石墨（Gph）等组成，长轴以 0.03~0.5mm 为主。石墨多分布在其他矿物的晶体粒间（照片 2-2-1）。白云母鳞片微斜列和弯曲。长石近短柱状和他形粒状，斜长石的聚片双晶纹略宽；钾长石属具格子双晶的微斜长石。石英多近等轴粒状和矩形长条状，有的晶体略显定向拉长，消光不均匀。矿物彼此的接触面从平直到弯曲状均有，长轴明显定向具不完全片麻理（照片 2-2-2）。

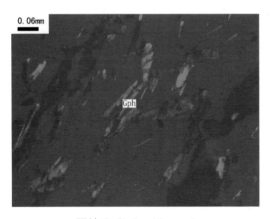 

照片 2-3-1　Absg-1　　　　　　　　照片 2-3-2　Absg-1

　　二长片麻岩型石墨矿：片状、鳞片状结构，片状构造。垂直片麻理切制光片，石墨（Gph 8%），均为垂直面理的长条状，长轴 0.03~0.2mm，鳞片厚度 0.01~0.03mm，部分晶体明显弯曲状。石墨具灰棕 - 蓝灰色反射色（照片 2-3-1）、草黄 - 紫灰偏光色（照片 2-3-2）。单偏光。

照片 2-4 AbsB-2

灰色含石榴石斜长角闪片岩：岩石新鲜面为灰色，鳞片粒柱状变晶结构，片状构造。岩石由石榴石（4%）、斜长石（35%）、石英（21%）、黑云母（5%）、角闪石（33%）和榍石（2%）等组成，矿物的长轴连续介于 0.1~2.0mm 间。石榴石多具近等轴粒状轮廓，包含微细粒石英，石英为等轴粒状、糖粒状和他形粒状。斜长石多具短柱状轮廓。角闪石短柱状。

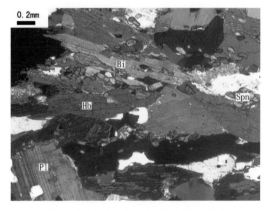

照片 2-5-1 Absb-2（单偏光）

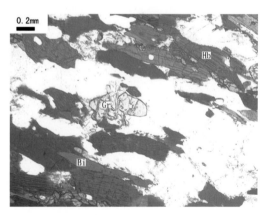

照片 2-5-2 Absb-2（正交）

含石榴石斜长角闪片岩：鳞片粒柱状变晶结构，片状构造。组分为石榴石（Gr 4%）、斜长石（Pl 35%）、石英（Q 21%）、黑云母（Bi 5%）、角闪石（Hb 33%）和榍石（Spn 2%）等，长轴连续介于 0.1~2.0mm 间。石榴石多具近等轴粒状轮廓，包含微细粒石英，晶体内外的石英展布方位一致。石英为等轴粒状、糖粒状和他形粒状，微波状消光。斜长石多短柱状近粒状轮廓，聚片双晶纹较细密，退变微绢云母化。角闪石短柱状，近多边形横断面具闪石式解理，蓝绿-黄绿多色性（照片 2-5-1），包含细粒石英；黑云母鳞片棕褐色，长轴微弯曲。榍石为他形粒状或信封状，多与角闪石和黑云母伴生。各类变晶矿物彼此稳定共生，长轴明显定向（照片 2-5-2）。

照片 2-6　AbsB-3

　　深灰色石榴石斜长角闪片岩：灰色，粒柱状变晶结构，片状构造。岩石由石榴石（8%）、斜长石（25%）、石英（20%）和角闪石（47%）等组成。石榴石近粒状，粒径 1.0~2.5mm，沿晶体不同程度的绿泥石和黑云母化，次生矿物集合体将石榴石切割成岛块状。斜长石和石英多为等轴粒状和糖粒状，部分斜长石短柱状。角闪石为棱边平直的短柱状。

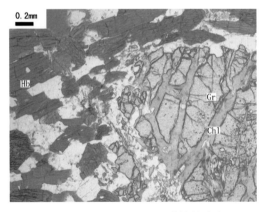

照片 2-7-1　Absb-3（单偏光）

照片 2-7-2　Absb-3（正交）

　　石榴石斜长角闪片岩：粒柱状变晶结构，片状构造。岩石由石榴石（*Gr* 8%）、斜长石（*Pl* 25%）、石英（*Q* 20%）和角闪石（*Hb* 47%）等组成。石榴石近粒状，粒径 1.0~2.5mm，高正突起，沿晶体边缘和裂理不同程度的绿泥石（*Chl*）和黑云母化，次生矿物集合体将石榴石切割成岛块状（照片 2-7-1）。石榴石晶体内富含定向分布的微细粒石英，具残缕结构，晶体内外石英的分布方位一致，属同变形期产物。斜长石和石英多为等轴粒状和糖粒状，部分斜长石短柱状，粒径 0.1~1.0mm，斜长石的聚片双晶纹较细密，石英微波状消光。角闪石为棱边平直的短柱状，横断面近多边形，长轴 0.2~2.0mm，浅蓝绿－淡黄色，包含细粒的石英和斜长石。各类组分总体稳定共生，长轴明显定向（照片 2-7-2）。

照片 2-8　AbsB-4

　　灰白色细中粒碱长花岗岩：风化面灰白色，局部铁染呈红褐色，新鲜面为灰白色，花岗结构，块状构造。岩石由钾长石（72%）、石英（27%）和微量黑云母等组成。钾长石以自形程度较差，粒径 1.0~5.0mm，微黏土化。石英主要分布在钾长石的晶体粒间，以他形粒状为主。

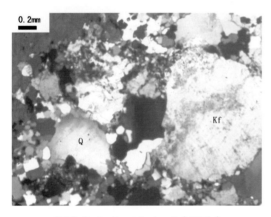

照片 2-9-1　Absb-4（正交）

照片 2-9-2　Absb-4（正交）

　　细中粒碱长花岗岩：花岗结构，块状构造。岩石由钾长石（Kf 72%）、石英（Q 27%）和微量黑云母组成。钾长石为自形程度较差的宽板状、短柱状和近粒状，粒径 1.0~5.0mm，部分晶体受韧性变形晶体，边缘形成不连续的串珠状细粒组分，棱边圆化（照片 2-9-1），具卡式和格子双晶，微脉状和补丁状条纹构造（照片 2-9-2），微黏土化。石英主要分布在钾长石的晶体粒间，以他形粒状为主，强变形域的晶体明显定向拉长，粒径 0.03~0.8mm，强烈波状消光。

照片 2-10 AbsB-5

　　紫红色石墨矿化透辉石二长变粒岩：岩石新鲜面为灰色，风化面为紫红色，柱粒状变晶结构，略显定向构造。该岩石标本相对致密，由变晶矿物透辉石、透闪石、石英、钾长石、斜长石、榍石和不透明矿物等组成，含微量石墨鳞片。各类组分基本均匀分布。

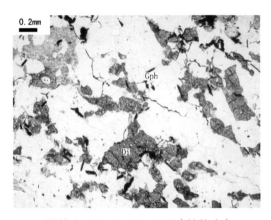

照片 2-11-1 Absb-5（单偏光）　　　　　照片 2-11-2 Absb-5（正交）

　　石墨矿化透辉石二长变粒岩：柱粒状变晶结构，略显定向构造。岩石组分为透辉石（*Di* 20%）、透闪石（*Tl* 2%）、石英（*Q* 49%）、钾长石（*Kf* 16%）、斜长石（*Pl* 10%）和以石墨（*Gph*）为主的不透明矿物等，矿物长轴连续介于0.1~1.0*mm*间。透辉石短柱状，横切面具多边形轮廓，两组正交解理（照片2-11-1），包含细粒石英。透闪石纤维状和杆状，杆状晶体具竹节状解理，明显弯曲状。石英为近等轴粒状、糖粒状和他形粒状，波带状消光。长石多具短柱状轮廓，斜长石退变绢-白云母化；钾长石具清晰的格子双晶。各类组分彼此的接触面从平直到弯曲状均有，总体稳定共生，长轴略显定向（照片2-11-2）。

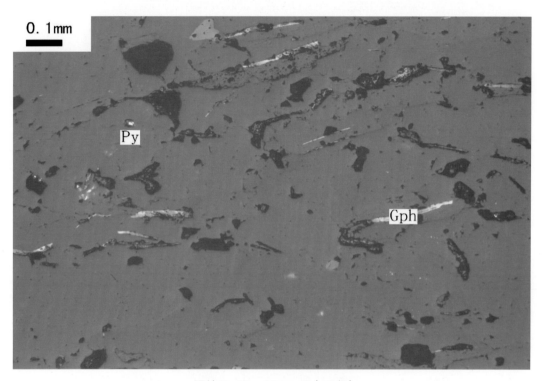

照片 2-12　Absg-2（正交）

石墨矿化透辉石二长变粒岩：鳞片状结构，定向构造。不透明矿物以石墨（*Gph* 2%）为主，偶见黄铁矿（*Py*）。石墨为鳞片状，切面长轴 0.03~0.25*mm*，完全单晶体状定向分散分布，部分晶体轻微弯曲状。黄铁矿为自形程度不同的微粒状，黄白反射色，均质性，星点状分散分布。

照片 2-13　AbsB-6

　　浅肉红色中细粒二长花岗岩：花岗结构，块状构造。岩石主要由斜长石（26%）、钾长石（44%）、石英（27%）和黑云母（2%）等组成，矿物粒径连续介于 0.1~2.5mm 间。长石为自形程度差异的宽板状、短柱状和他形粒状，斜长石的自形程度普遍高于钾长石，微绢－白云母和碳酸盐化。石英以不规则的它形粒状为主，部分晶体定向拉长。黑云母鳞片褪色白云母化强，明显弯曲状。

照片 2-14　Absb-6（正交）

　　中细粒二长花岗岩：花岗结构，块状构造。岩石由斜长石（Pl 26%）、钾长石（Kf 44%）、石英（Q 27%）和黑云母（Bi 2%）等组成，粒径连续介于 0.1~2.5mm 间。长石为自形程度差异的宽板状、短柱状和他形粒状，斜长石的自形程度普遍高于钾长石，斜长石具卡式和聚片双晶，微绢－白云母和碳酸盐化，晶面略脏；钾长石属具卡式和格子双晶的微斜长石，有的晶体被斜长石交代构成蠕英石。石英以不规则的他形粒状为主，部分晶体定向拉长，晶面亮净，强烈波带状消光，消光影普遍平行晶体的拉伸方向。黑云母鳞片褪色白云母化强，明显弯曲状。

第三章　石榴子石矿

第一节　矿种介绍

石榴石是上地幔主要造岩矿物之一，石榴石晶体与石榴籽的形状、颜色十分相似，故名"石榴石"。色泽好、透明的石榴子石可以成为宝石，石榴石的英文名称为 Garnet，由拉丁文"Granatum"演变而来，意思是（像种子一样）。常见的石榴石为红色，但其颜色的种类十分广阔，足以涵盖整个光谱的颜色。常见的石榴石因其化学成分而确认为 6 种，分别为红榴石（Pyrope）、铁铝石榴子石（Almandine）、锰铝石榴石（Spessartine）、钙铁石榴石（Andradite）、钙铝榴石（Grossular）及钙铬榴石（Uvarovite）。石榴石族属于等轴晶系宝石，在结晶体结构上，属岛状硅酸盐。常见结晶形态为菱形十二面体，四角三八面体及聚形，晶面可见生长纹，折光率 1.74~1.90、硬度 7~8、密度 3.5~4.3g/cm³，无解理，断口参差状，玻璃光泽至金刚光泽，断口为油脂光泽，半透明。

石榴子石在自然界分布广泛。各种石榴子石有各自的产出条件。镁铝榴石主要产于基性岩、超基性岩中。金伯利岩中的镁铝榴石以含铬高为特征，是寻

石榴石

找金刚石的指示矿物。铁铝榴石是典型的变质矿物，常见于各种片岩和片麻岩中。钙铁榴石和钙铝榴石是矽卡岩的主要矿物，钙铬榴石产于超基性岩中，是寻找铬铁矿的指示矿物。

石榴子石是一种应用量不大、但应用领域宽、应用效益高的非金属矿产。石榴石性能优异。在砂喷（或称砂吹或喷砂）、研磨磨料、水力切割、过滤水、填料、公用建筑、精密仪器、宝石开发等方面均有不少应用。

甘肃省已发现的矿产地均分布在河西北山地区，产地有肃北二道井、石榴井，玉门市红旗山，阿克塞六五沟和金塔西山煤窑等。

第二节 沉积变质型石榴子石矿

——阿克塞县六五沟石榴子石矿

一、成矿地质背景

六五沟石榴子石矿区位于阿尔金山东段到祁连山西段，大地构造位置位于塔里木板块与华北板块的交接地带，六五沟一带地层属华北地层大区，秦祁昆地层区，东昆仑—中秦岭地层分区，柴达木北缘小区。主要出露地层有古元古代达肯大坂岩群和第四系。其中古元古代达肯大坂岩群最为发育。六五沟钨异常受龙尾沟—拉措依格大坂背斜控制。南北长约 5km，东西宽约 2.0~2.5km，面积约 12km^2。地层、侵入岩呈近南北向弧形展布。

二、矿床地质特征

1. 地层

六五沟工作区出露的地层相对较为简单，主要为下元古界达肯大坂岩群（Pt_1D），为一套层状无序的历经多次变形变质改造的古老变质岩系。可分为 3 个岩组，在区内出露分布主要为第一岩组，第二、第三岩组出露分布较少，各岩组主要岩性特征分述如下：

（1）下元古界达肯大坂岩群第一岩组（Pt_1D^1）：主要岩性有石榴子石黑云二长片麻岩、片麻状石榴子石英岩和混合岩夹角闪片岩、大理岩、二云石英片岩、矽线石片岩。该岩组是为矿区出露的主要地层，六五沟白云母矿床和本次工作中的石榴子石矿均赋存在该岩组中。

（2）下元古界达肯大坂岩群第二岩组（Pt_1D^2）：主要岩性为绢云母片岩、绢云母石英片岩夹少量砂质板岩。

（3）下元古界达肯大坂岩群第三岩组（Pt_1D^3）：主要岩性有二云斜长片麻岩、绢云石英片岩、绿泥石英片岩、变砂岩夹大理岩。该岩组是区域上的主要含矿层位，化石沟铜矿、一步沟钨矿便产于该岩组中。

区内的肯大坂岩群经历了多期次的变质作用的叠加，除区域变质作用外，还有动力变质作用，热力变质作用，在变质作用后期，深部原岩发生部分重融，加上热液流体的参与使岩石混合岩化。因此，岩层所处的构造位置不同，岩石的变质程度有差异。一般来说岩层底部岩石变质程度较深，越向上部变质程度减弱。在底部有混合岩、片麻岩，含有中高级变质矿物，如矽线石、十字石、石榴子石。岩石的矿物多具交代及碎裂现象（图3-1）。

2. 岩浆岩

区内岩浆岩活动较弱，主要为华力西晚期黑云二长花岗岩，在区内共有3个岩体，均呈岩株状产出，出露分布于测区中西部，沿背形的轴部侵入分布。西侧岩株呈不规则月芽状，长700m，宽400m，反映了区内发育次一级的环形构造；另一个岩株出露长4km，宽300~500m，沿走向具分支复合的特征。两岩株侵入于达肯大坂岩群中，侵入接触带广泛发育角岩化、混合岩化蚀变。区内伟晶岩脉普遍发育，其围岩中普遍有石榴子石产出。区域上由于岩浆活动频繁，区内派生的脉岩发育很好，主要脉岩有：超基性岩脉、辉绿岩脉、闪长岩脉、花岗岩脉、花岗伟晶岩脉、石英脉。这些脉岩在成分上与岩体有衍生特征，在空间分布多数受次一级的构造控制，多呈北西—南东向，个别呈近南北向或北东向展布。个别脉岩具含矿性，如花岗伟晶岩脉内的云母矿床，石英脉具铜矿化等。

3. 构造

测区的大地构造位置位于柴达木地块的北缘和阿尔金走滑断裂带上，北东东向及北西向的构造均较发育，褶皱断裂比较紧密，延伸较长，构造线与山脉的走向基本一制。阿尔金走滑大断裂具多期次的活动特征，受其影响，区内的岩石变质变形强烈，脆性及韧性断层均极为发育，变形岩石包括了除新近系和第四系外的所有岩

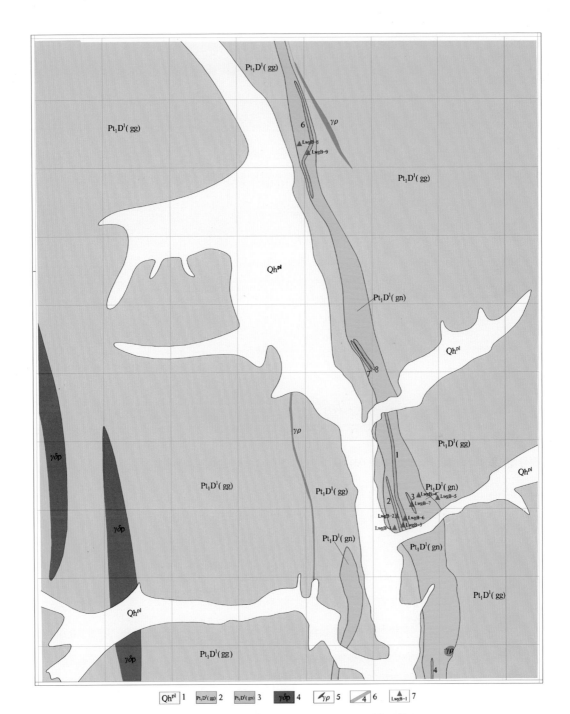

图 3-1 阿克塞县六五沟石榴子石矿区地质草图

（据陈百磊等，六五沟石榴子石矿普查报告，2013，修改）

1—第四系残坡积物；2—下元古界达肯大坂岩群第一岩组：花岗质片麻岩；3—下元古界达肯大坂岩群第一岩组：含石榴子石片麻岩带；4—加里东期花岗闪长岩；5—花岗伟晶岩脉；6—矿体位置及编号；7—标本采集位置及编号。

石，包括岩浆岩及期后衍生侵入的各种脉岩，岩石的片理化和糜棱岩化极为发育，岩石的片理方向与主构造的方向基本一致。区内主沟推测为一断层，矿体产于单斜构造中。

测区近邻阿尔金走滑断层，该断层是以水平应力为主构造运动，受其作用力影响其两侧的地质体均被卷入形成一系列弧形、旋卷构造。因岩浆岩物理性质均一稳定，并于下伏的巨大岩基相连，常为弧形构造、旋扭构造作用的砥柱。故岩浆岩越是发育地段弧形和旋扭构造越是发育。岩浆岩出露面积越大，旋扭构造表现的特征越是明显。

三、矿体特征

矿区内矿体主要产出于下元古界达肯大坂岩群一岩组的石榴子石黑云母二长片麻岩和片麻状石榴子石英岩中，矿体呈条带状沿走向分布。矿化分布范围广，但石榴子石含量较高的区域主要集中在工作区东侧东西宽 1~2km，南北至少 8km 的区间内。

矿区内共圈出矿体 10 条，其中地表矿体 9 条，隐伏矿体 1 条，规模大小不等，分布较集中，其中①号矿体地表长度 728m，平均厚度 10.6m，石榴子石矿物平均含量 18.93%，往北东倾，倾角 67°~78°；②号矿体地表长度约 339m，平均厚度 6.12m，石榴子石矿物平均含量 15.76%，倾向北东，倾角 72°~76°；④号矿体地表长度 350m，平均厚度 3.25m，石榴子石矿物平均矿物含量 15.88%，倾向东，倾角 68°~85°；⑥号矿体地表长度 706m，平均厚度 3.41m，石榴子石矿物平均含量 22.41%；⑨号矿体地表长度 530m，平均厚度 3.41 米，石榴子石平均含量 20.00%，该矿体向西倾，倾角 69°~75°。

总体看来，矿区内矿体长度一般 200~500m，最长达 728m，厚度一般 3.01~10.60m。

以 0 号勘探线为界，矿体南侧西倾，北侧东倾，倾角一般 60°~85°，石榴子石矿体平均品位 14.91%~28.70%，石榴子石矿区全区平均品位 18.52%。

四、矿石特征

主要含矿岩石为石榴子石黑云母二长片麻岩和片麻状石榴子石石英岩，岩石中石榴子石呈变斑晶产出。为一套含石榴子石、矽线石、电气石、锆石等的角闪岩相 – 麻粒岩相片岩、片麻岩建造。

根据岩石单矿物化学分析，矿物组成元素为硅、铝、铁、镁，其他成分含量较少。因此，六五沟石榴子石矿所产石榴石属铁铝榴石。

六五沟石榴子石矿区矿石的平均体积质量为 $2.75t/m^3$，平均湿度 $[(H_2O)\%]$ 为 0.26，平均硬度为 7.09。

主要矿物有石榴子石、长石、石英、角闪石、黑云母、含微量磁铁矿、钛铁矿、赤铁矿、褐铁矿、黄铁矿、硅线石、磷灰石、锆石、电气石等矿物。

矿石结构主要为斑状变晶结构，矿石构造为片麻状构造和似斑点状构造。

矿石自然类型：石榴石黑云母二长片麻岩、片麻状石榴子石石英岩。

五、矿床成因

该区石榴子石矿床成因主要为区域变质成矿作用和混合岩化成矿作用，因此矿化分布范围广。矿体都产于区域变质岩中，其成矿条件为原岩建造、温度压力和变质作用的强度。由于区域构造的影响，伴随高温、高压并有岩浆、变质热液的活动，原岩发生交代、重结晶作用，使含矿建造中石榴子石矿物颗粒加大并局部富集。

六、标本采集简述

阿克塞县六五沟石榴子石矿区共采集岩矿石标本 9 块（表 3-1）。其中矿石标本 4 块，岩石标本 5 块，矿石标本岩性为灰色石榴石黑云石英片岩、浅灰色透闪石石榴石岩、浅灰色白云母石榴石片岩、灰色含石榴石阳起黑云斜长片麻岩；岩石标本岩性为灰黑色含磁铁矿滑石蛇纹石岩、灰色黑云斜长片麻岩、灰白色黑云斜长变粒岩、浅灰色短柱状透闪石岩、灰色黑云二长片麻岩。本次采集的标本基本覆盖了六五沟石榴子石矿不同类型的矿石、岩石，较全面地反映了北山地区沉积变质型石榴子石矿的地质特征。

表 3-1   六五沟石榴子石矿采集典型标本

序号	标本编号	标本岩性	标本类型	薄片编号
1	LwgB-1	灰黑色含磁铁矿滑石蛇纹石岩	围岩	Lwgb-1
2	LwgB-2	灰色石榴石黑云石英片岩	矿石	Lwgb-2
3	LwgB-3	灰色黑云斜长片麻岩	围岩	Lwgb-3
4	LwgB-4	灰白色黑云斜长变粒岩	围岩	Lwgb-4
5	LwgB-5	浅灰色短柱状透闪石岩	围岩	Lwgb-5
6	LwgB-6	浅灰色透闪石石榴石岩	矿石	Lwgb-6
7	LwgB-7	浅灰色白云母石榴石片岩	矿石	Lwgb-7
8	LwgB-8	灰色黑云二长片麻岩	围岩	Lwgb-8
9	LwgB-9	灰色含石榴石阳起黑云斜长片麻岩	矿石	Lwgb-9

七、岩矿石标本及光薄片照片说明

照片 3-1 LwgB-1

灰黑色含磁铁矿滑石蛇纹石岩：片状、纤维状变晶结构，变余粒状镶嵌结构，块状构造。岩石由蛇纹石、滑石和磁铁矿组成。

照片 3-2-1 Lwgb-1（正交）

照片 3-2-2 Lwgb-1（单偏光）

含磁铁矿滑石蛇纹石岩：片状、纤维状变晶结构，变余粒状镶嵌结构，块状构造。蛇纹石（*Sep* 89%）、滑石（*Tc* 5%）和磁铁矿（*Mt* 6%）为岩石组分。滑石多为片状，切面为规则长条状，少量鳞片状晶体为致密程度差异的弥散状集合体，具鲜艳的三级干涉色（照片 3-2-1），分散分布。蛇纹石均为纤维状集合体，一级灰白干涉色，蛇纹石集合体的边缘截然，具自形程度差异的多边形假象，磁铁矿以集合体状较均匀地分布在蛇纹石集合体的边缘，残余粒状镶嵌结构（照片 3-2-2）。

照片 3-3　LwgB-2

　　灰色石榴石黑云石英片岩：变斑晶结构，基质鳞片粒状变晶结构，片状构造。岩石由石榴石、黑云母、石英、斜长石、钾长石和金属矿物等组成。

 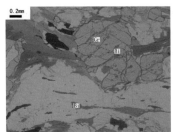 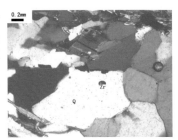

照片 3-4-1　Lwgb-2（单偏光）　照片 3-4-2　Lwgb-2（正交）　照片 3-4-3　Lwgb-2（正交）

　　石榴石黑云石英片岩：变斑晶结构，基质鳞片粒状变晶结构，片状构造。岩石由石榴石（Gr 25%）、黑云母（Bi 24%）、石英（Q 32%）、斜长石（Pl 15%）、钾长石（Kf 2%）和金属矿物等组成。近粒状石榴石粒径相对粗大，属变斑晶。晶体内包裹定向分布的石英和黑云母等，具残缕结构（照片 3-4-1、照片 3-4-2）。依据包裹物的粒径和分布方向，该石榴石变斑晶应属主变形期前的产物。石英为近等轴粒状、糖粒状和他形粒状，包含浑圆状锆石（Zr）（照片 3-4-3），普遍波带状消光。长石近等轴粒状和短柱状，斜长石的聚片双晶纹细密，退变轻微绢－白云母化；钾长石属具格子双晶的微斜长石。黑云母鳞片红褐色，明显斜列。各类变晶矿物稳定共生，长轴明显定向。

照片 3-5　LwgB-3

　　灰色黑云斜长片麻岩：浅灰色，鳞片粒柱状变晶结构，弱片麻状构造。石英（20%）、斜长石（59%）、黑云母（18%）和少量白云母等为岩石组分。各类组分基本均匀分布，长轴定向具弱片麻理。

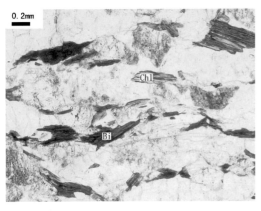

照片 3-6-1　Lwgb-3（单偏光）

照片 3-6-2　Lwgb-3（正交）

　　黑云斜长片麻岩：鳞片粒柱状变晶结构，弱片麻状构造。石英（Q 20%）、斜长石（Pl 59%）、黑云母（Bi 18%）和少量白云母等为岩石组分。云母的切面多近长条状，黑云母红褐色（照片 3-6-1），沿解理缝轻微绿泥石（Chl）化和褐色白云母化，云母均轻微斜列和弯曲。斜长石以近等轴粒状和短柱状的形态或轮廓为主，具细密的聚片双晶纹（照片 3-6-2），有的晶体不同程度的绢-白云母化而晶面较脏。石英为近等轴粒状、矩形长条状和他形粒状，晶面亮净。各类组分基本均匀分布，彼此稳定共生，长轴定向具弱片麻理。

照片 3-7　LwgB-4

灰白色黑云斜长变粒岩：鳞片粒状变晶结构，渐变团块状构造。岩石由变晶矿物石英（5%）、黑云母（10%）和斜长石（85%）等组成。斜长石为近等轴粒状和短柱状，不均匀的绢－白云母和方解石化，局部较浑浊。石英以棱边平直的近等轴粒状为主。黑云母深红褐色，切面为规则的长条状，局部富集成具成分差异的渐变团块。

照片 3-8　Lwgb-4（正交）

黑云斜长变粒岩：鳞片粒状变晶结构，渐变团块状构造。岩石由变晶矿物石英（Q 5%）、黑云母（Bi 10%）和斜长石（Pl 85%）等组成。斜长石为近等轴粒状和短柱状，聚片双晶纹细密，不均匀的绢－白云母和方解石化，局部较浑浊。石英以棱边平直的近等轴粒状为主，微波状消光。黑云母深红褐色，切面为规则的长条状，局部富集成具成分差异的渐变团块。粒状矿物的接触面多平直，局部为120°的三边稳定态，黑云母鳞片的长轴与粒状矿物的棱边平行接触，彼此稳定共生，长轴无定向。

照片3-9 LwgB-5

　　浅灰色短柱状透闪石岩：短柱状结构，块状构造。岩石由单一的透闪石，以短柱状为主，少量杆状和纤维状，短柱状透闪石的长轴介于2~5mm间；垂直长轴具特征的竹节状解理。透闪石沿部分晶体的边缘和解理缝轻微滑石化。短柱状透闪石彼此紧密镶嵌，长轴无定向性；杆状晶体多杂乱状分布，部分为放射状集合体。

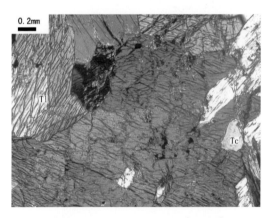

照片3-10-1 Lwgb-5（正交）

照片3-10-2 Lwgb-5（正交）

　　短柱状透闪石岩：短柱状结构，块状构造。透闪石（Tl），以短柱状为主，少量杆状和纤维状，短柱状晶体的长轴介于2~5mm间，近多边形横断面具闪石式解理（照片3-10-1）；杆状晶体的长宽比值远大于5:1，垂直长轴具特征的竹节状解理（照片3-10-2）。透闪石中正突起，干涉色较鲜艳，沿部分晶体的边缘和解理缝轻微滑石（Tc）化。短柱状透闪石彼此紧密镶嵌，长轴无定向性；杆状晶体多杂乱状分布，部分为放射状集合体。

照片 3-11　LwgB-6

　　浅灰色含透闪石石榴石岩：浅灰色，柱粒状变晶结构，块状构造。岩石由石榴石、透闪石、石英、金云母和磁铁矿等组成。

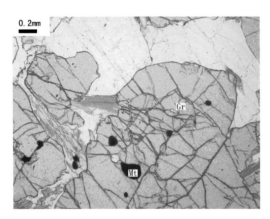 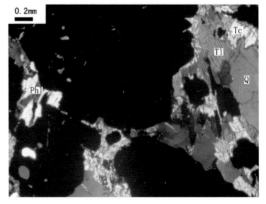

照片 3-12-1　Lwgb-6（单偏光）　　　　　照片 3-12-2　Lwgb-6（正交）

　　含透闪石石榴石岩：柱粒状变晶结构，块状构造。岩石由石榴石（Gr 81%）、透闪石（Tl 12%）、石英（Q 3%）、金云母（Phl 2%）和磁铁矿（Mt 2%）等组成。石榴石为自形程度差异的粒状，切面近多边形（照片 3-12-1），高正突起，糙面显著，多彼此衔接或紧密镶嵌。透闪石、石英和金云母完全分布在石榴石集合体的空隙中（照片 3-12-2），晶体形态往往受到分布空间的限制。透闪石以短柱状为主，边缘较强滑石（Tc）化。石英近等轴粒状和他形粒状。金云母鳞片具浅黄棕色。依据各类矿物的形态和分布特征，石榴石的形成明显早于其他矿物。

照片 3-13 LwgB-7

　　浅灰色白云母石榴石片岩：鳞片柱粒状变晶结构，不完全片状构造。岩石由变晶矿物石榴石、白云母、钾长石和石英等组成，矿物的粒径较粗大。石榴石为自形的菱形十二面体，粒径10~30mm，具纵横交错的裂理，石英和钾长石分布在石榴石的空隙中。白云母的长轴明显定向，岩石整体具不完全的片状构造。

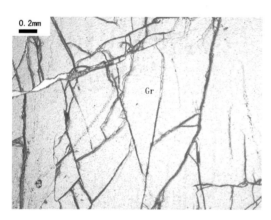

照片 3-14-1 Lwgb-7（单偏光）

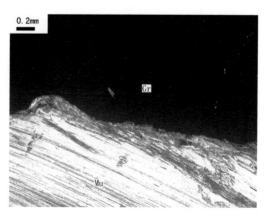

照片 3-14-2 Lwgb-7（正交）

　　白云母石榴石片岩：鳞片柱粒状变晶结构，不完全片状构造。岩石由变晶矿物石榴石（Gr 60%）、白云母（Mu 32%）、钾长石和石英等组成，矿物的粒径较粗大，照片仅显示局部。石榴石为自形的菱形十二面体，粒径10~30mm，具纵横交错的裂理（照片3-14-1），石英和钾长石分布在石榴石的空隙中。白云母为粗大的片状，长条状切面的长轴以10~30mm为主，晶面干净，微弯曲，晶体长轴的延伸常被石榴石阻隔（照片3-14-2）。白云母的长轴明显定向，岩石整体具不完全的片状构造。

照片 3-15　LwgB-8

　　灰色黑云二长片麻岩：鳞片粒柱状变晶结构，蠕虫结构，弱片麻状构造。岩石由石英、斜长石、钾长石和黑云母等组成。黑云母的切面以较规则的长条状为主，红褐色，轻微绿泥石化，有的晶体微斜列。长石为短柱状、近等轴粒状和他形粒状，斜长石具相对细密的聚片双晶纹，微绢－白云母化；钾长石属微斜长石，钾长石局部被斜长石交代具蠕虫结构。石英为近等轴粒状、矩形长条状和他形粒状。

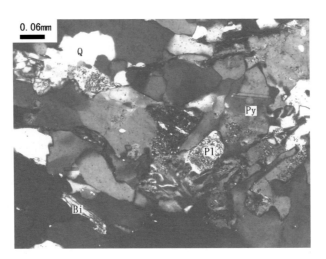

照片 3-16　Lwgb-8（正交）

　　黑云二长片麻岩：鳞片粒柱状变晶结构，蠕虫结构，弱片麻状构造。受变质和交代，岩石由石英（Q 29%）、斜长石（Pl 37%）、钾长石（Kf 22%）和黑云母（Bi 12%）等组成。黑云母的切面以较规则的长条状为主，红褐色，轻微绿泥石化，有的晶体微斜列。长石为短柱状、近等轴粒状和他形粒状，斜长石具相对细密的聚片双晶纹，微绢－白云母化；钾长石属微斜长石，钾长石局部被斜长石交代具蠕虫结构。石英为近等轴粒状、矩形长条状和他形粒状，消光不均匀。各类矿物基本均匀分布，彼此稳定态共生，长轴定向明显，具弱片麻理。

照片 3-17 LwgB-9

灰色含石榴石阳起黑云斜长片麻岩：变斑晶结构，基质鳞片柱粒状变晶结构，弱片麻状构造。岩石由石榴石、阳起石、黑云母、磁铁矿和浅色矿物斜长石、石英等组成。粒径粗大的变斑晶石榴石中富含定向分布的磁铁矿和黑云母等，石榴石明显切割片麻理，该石榴石应属主变形期后的产物。

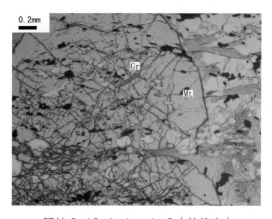

照片 3-18-1 Lwgb-9（单偏光）

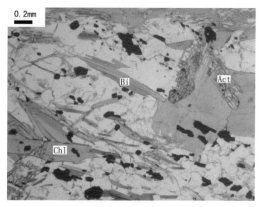

照片 3-18-2 Lwgb-9（单偏光）

含石榴石阳起黑云斜长片麻岩：变斑晶结构，基质鳞片柱粒状变晶结构，弱片麻状构造。岩石由石榴石（Gr 6%）、阳起石（Act 15%）、黑云母（Bi 20%）、磁铁矿（Mt 4%）和浅色矿物斜长石、石英等组成，矿物稳定共生，定向具弱片麻理。变斑晶石榴石中富含定向分布的磁铁矿和黑云母等（照片 3-18-1），具残缕结构。晶体内外的金属矿物和黑云母等矿物粒径大小相同、分布方位一致，同时石榴石明显切割片麻理，该石榴石应属主变形期后的产物。阳起石呈杆状和短柱状，多边形横断面具闪石式解理（照片 3-18-2），浅黄绿色。红褐色黑云母强绿泥石化（Chl），微斜列。石英和斜长石以近等轴粒状为主，部分斜长石近短柱状。

第四章　萤石矿

第一节　矿种介绍

萤石（Fluorite）又称氟石。自然界中较常见的一种矿物，可以与其他多种矿物共生，世界多地均产，有 5 个有效变种。等轴晶系，主要成分是氟化钙（CaF_2）。结晶为八面体和立方体。晶体呈玻璃光泽，颜色鲜艳多变，质脆，莫氏硬度为 4，熔点 1360℃，具有完全解理的性质。部分样本在受摩擦、加热、紫外线照射等情况下可以发光。

该矿物来自火山岩浆，在岩浆冷却过程中，被岩浆分离出来的气水溶液内含氟，在溶液沿裂隙上升的过程里，气水溶液中的氟离子与周围岩石中的钙离子结合，形成氟化钙，冷却结晶后即形成萤石。存在于花岗岩、伟晶岩、正长岩等岩石内。

因质脆软而不常被用作宝石。在工业方面，萤石是氟的主要来源，能够提取制备氟元素及其各种化合物。而颜色艳丽，结晶形态美观的萤石标本可用于收藏、装饰和雕刻工艺品。

甘肃省萤石资源比较丰富，已发现矿产地 42 处，省内保有储量占全国第 17 位，主要分布在甘肃中西部地区，形

绿色萤石矿

成甘中萤石矿集区，成因类型有热液充填型，此类型萤石矿的成矿时代自古元古代至中生代均有产出。其中，在长城纪、寒武纪、石炭纪内形成了工业矿床，分布在北山、龙首山、北祁连山一带。矿床规模有大有小、品位也不一。代表性矿床有金塔鸡心山萤石矿、高台七坝泉大型萤石矿床、永昌头沟－照路沟大型萤石矿床、肃北县石门中型萤石矿床、天祝斑阳河小型萤石矿床等。其他各时代的萤石矿主要分布在北山、北祁连山、中祁连山或西秦岭一带，多为矿点、矿化点。呈零散状分布，规模小。但随着找矿工作力度加大，仍具有进一步扩大矿床规模的潜力。

第二节 充填交代型萤石矿

——金塔县鸡心山萤石矿

一、矿床地质特征

矿区出露地层为下石炭统红柳园组（C_1h），岩性为灰色－灰褐色薄－中厚层微晶灰岩、碳质灰岩，由含较多尘点状杂质的他形粒状方解石组成。粒径 0.04~0.08mm，致密均匀镶嵌分布，沿裂隙有少量的氧化铁质组成。局部夹有薄层状粉晶灰岩及少量的砂岩。矿区西侧的石灰岩较薄，向东有逐渐变厚的趋势，厚约 15~965m，倾向 220°~260°，倾角 55°~72°。石炭纪花岗闪长岩、二长花岗岩侵入石灰岩地层，接近岩体部分灰岩为灰白色、浅肉红色，薄层状，地表岩石破碎，片理岩化强烈，局部大理岩化。地层中心位置且远离岩体地段石灰岩表现为灰褐色，中厚层状，地表岩石相对完整，层理清晰，后期的构造运动形成东西向、北东向的断裂破碎带，构造中见有白色、紫色角砾状、脉状萤石，石灰岩地层与花岗闪长岩呈断层接触，接触带部分绢云母化强烈，蚀变的岩石中见有长石斑晶和石英颗粒，接触带上萤石相对较富集。

断裂比较发育。主要分布于下石炭统红柳园组（C_1h）石灰岩地层与花岗闪长岩体、二长花岗岩体的接触带上以及石灰岩地层中。主要构造为平移断层，致使石灰岩地层中的次级构造大多数呈北东走向的羽裂状平行分布，含萤石矿液沿构造灌入形成萤石矿体。主要有北西、北东、东西三组断裂（图 4-1）。

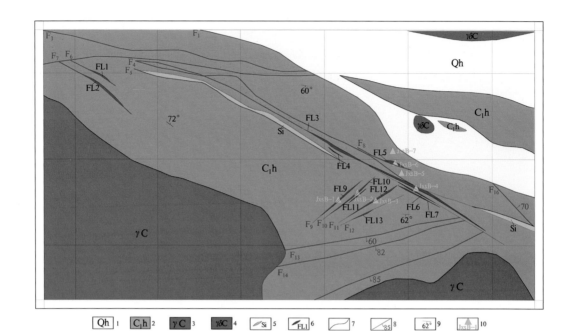

图 4-1 金塔县鸡心山萤石矿矿区地质草图

（据鲁进贵等，鸡心山萤石矿普查报告，2016，修改）

1—第四系全新统；2—下石炭统红柳园组：石灰岩、砂岩、千枚岩、萤石；3—华力西中期花岗闪长岩；4—华力西中期花岗岩；5—硅质岩脉；6—萤石矿体及编号；7—实测地质界线；8—实测断层及编号；9—地层产状；10—标本采集位置及编号。

围岩蚀变主要有硅化、绢云母化、高岭土化、绿泥石化。

二、矿体特征

鸡心山萤石矿主要产于下石炭统红柳园组（C_1h）地层和华力西中期的花岗岩（γC）的外接触带上，矿体受东西主构造带的次级断裂控制。东西向断裂延伸较长，矿化较差，为萤石矿体的导矿构造；北东向断裂为后期派生小断裂，规模小，延伸短，构造交会处萤石矿较为富集，为萤石矿体的容矿构造。

萤石矿体长 20~510m，厚度 0.70~6.21m，品位 22.68%~50.49%，矿床平均品位 36.17%。主矿体与其他矿体规模相差悬殊，主要矿体形态较简单，以脉状为主，矿体中无夹石，其他矿体形态简单，多为透镜状、脉状。各矿体总体产状 351°~22°∠70°~80°，少数矿体南倾。主矿体 FL3 走向北西西，倾向北东，控制走向最大延伸为 510m，沿倾斜方向控制最大延深为 100m，矿体平均品位为 35.13%。

矿石品位在走向延伸和倾向延深上变化不大。矿石品位相对稳定。萤石矿石均为贫矿，整个萤石矿床的平均品位为 36.12%。

三、矿石特征

矿石矿物成份为萤石，脉石矿物为石英、方解石，偶有绿帘石分布。

矿石结构主要有粒状变晶结构。矿石构造主要有块状构造、脉状构造、角砾状构造。

矿石类型按矿石的主要矿物组合可分为：石英－萤石型矿石、萤石－石英型矿石。

矿石类型按矿石结构构造分为块状萤石、角砾状萤石、脉状萤石，以角砾状萤石居多。

四、矿床成因

根据区域资料，区内主要侵入岩体为华力西中期花岗闪长岩（$\gamma\delta C$）、花岗岩（γC），矿物中普遍含萤石矿物，且结晶分异较彻底，使侵入岩体岩 F^- 含量较高，与沿断裂、裂隙入渗水在地热或深部岩浆热作用下易发生水岩化学反应，其多期次分异侵入而析出的富 F^- 含矿溶液是区内萤石矿形成的重要物质基础。围岩属石炭系下统红柳园组（C_1h）石灰岩及砂岩、凝灰岩、砾岩等，普遍含钙较高，为成矿提供所需的钙物质。

根据区域资料，石板泉北西西向断裂带（在本区内为 F1 断裂带）具继承性活动特点。在力学性质上早期为压扭性，形成挤压破碎带或糜棱岩化带，断裂下切深度大，为矿液上升运移的通道，该断裂后期转为张性，为矿液的充填、析出提供了有利空间，是成矿不可缺少的条件。因此，多期活动的该断裂带既是导矿构造，又是容矿构造。同时，受区域构造运动影响，该断裂带内发育有大量次级褶皱，对萤石矿的成矿和富集起到重要作用。矿体近矿围岩的蚀变以硅化、高岭土化为主，矿物组合多为石英—萤石，表明区内萤石为充填交代型矿床。

五、矿床标本简述

鸡心山萤石矿区共采集岩矿石标本 7 块（表 4-1）。其中矿石标本 5 块，岩石标本 2 块，矿石标本岩性为淡绿色萤石矿、红褐色石英萤石矿、浅紫色石英萤石矿、红褐色白钨矿萤石矿、灰白色石英萤石矿；岩石标本岩性为浅灰色不等粒灰岩、灰色大理岩。本次采集的标本基本覆盖了鸡心山萤石矿不同类型的矿石、岩石，较全面地反映了祁连地区充填交代型萤石矿的地质特征

表 4-1　鸡心山萤石矿采集典型标本

序号	标本编号	标本岩性	标本类型	薄片编号
1	JxsB-1	淡绿色萤石矿	矿石	Jxsb-1
2	JxsB-2	红褐色石英萤石矿	矿石	Jxsb-2
3	JxsB-3	浅紫色石英萤石矿	矿石	Jxsb-3
4	JxsB-4	红褐色白钨矿萤石矿	矿石	Jxsb-4
5	JxsB-5	浅灰色不等粒灰岩	岩石	Jxsb-5
6	JxsB-6	灰白色石英萤石矿	矿石	Jxsb-6
7	JxsB-7	灰色大理岩	岩石	Jxsb-7

六、岩矿石标本及光薄片照片说明

照片 4-1　JxsB-1

　　淡绿色萤石矿（脉）：浅绿色，岩石由浅蓝绿色萤石体组成，可见褐红色铁白云石石英岩脉体，在晶洞中可见萤石小晶体。

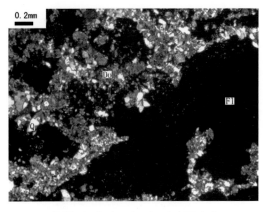

照片 4-2-1　Jxsb-1（正交）

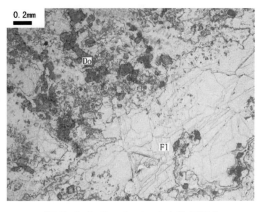

照片 4-2-2　Jxsb-1（单偏光）

　　萤石矿（脉）：样品由早期褐红色铁白云石石英脉体和晚期的浅蓝绿色萤石脉体组成，早期脉体被晚期脉体港湾状熔蚀切割（照片 4-2-1，黑色部分为晚期萤石脉体）。早期脉体由石英（Q）和铁白云石（Do）组成，石英多为近等轴粒状或等轴粒状轮廓，少量板条状；铁白云石为较自形的菱面体和不规则粒状集合体，氧化具红褐色调。晚期脉体由单一的萤石（Fl）组成，萤石的自形程度与生长空间的充足性相关，脉体顶端为较自形的立方体，脉体底部仅具粒状轮廓，镜下无色，负高突起，糙面显著，具两组完全的菱形解理（照片 4-2-2），均质性。

照片 4-3　JxsB-2

　　红褐色石英萤石矿（脉）：红褐色，局部为蓝绿色，浅板条状、粒状结构，环带状构造。岩石由石英和萤石组成的脉体群，脉宽 0.05~20mm 间。萤石分布在每个脉体的中心，均为自形程度差异的立方体，切面为菱面体或具菱面体的轮廓，粒径多介于 0.1~70mm 间。

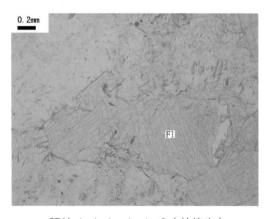

照片 4-4-1　Jxsb-2（单偏光）

照片 4-4-2　Jxsb-2（正交）

　　石英萤石矿（脉）：板条状、粒状结构，环带状构造。样品属由石英（Q 54%）和萤石（Fl 46%）组成的脉体群，脉宽 0.05~20mm。萤石分布在每个脉体的中心，均为自形程度差异的立方体，切面为菱形或具菱形的轮廓（照片 4-4-1），粒径多介于 0.1~70mm 间，粒径大小与脉体规模完全成正比，晶体无色透明。石英为棱边平直的近等轴粒状、板条状、马牙状到他形粒状，粒径 0.02~0.6mm，粒径越粗大形态相对越规则，大小不等的石英紧密镶嵌，靠近脉体中心的晶体明显定向，长轴垂直萤石集合体（照片 4-4-2）。

照片 4-5　JxsB-3

　　浅紫色石英萤石矿（脉）：浅紫色，岩石成分为萤石，萤石较自形，切面为菱面体或菱面体的局部，粒径主要在 0.1~50mm，标本上可以分辨出粒度明显差异的多期次石英萤石岩脉体互相切割。

照片 4-6-1　Jxsb-3（正交）

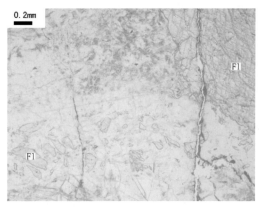

照片 4-6-2　Jxsb-3（单偏光）

　　石英萤石矿（脉）：样品属成分相近，粒度明显差异的多期次石英（Q）萤石（Fl）脉体，早期脉体被晚期脉体熔蚀状渐变切割（照片 4-6-1，照片中间近东西向粒径细小者为晚期脉体）。早期脉体的矿物粒径明显粗大，石英多为棱边较平直的近等轴粒状、马牙状和板条状，粒径 0.05~1.0mm，富含质点状泥质物和微粒状碳酸盐岩矿物，晶面略脏，彼此紧密镶嵌，接触面多平直，长轴略显定向；萤石较自形，切面为菱形或菱形的局部，粒径主要在 0.1~50mm。晚期脉体的石英以 0.015~0.05mm 的他形粒状为主，晶面相对干净；萤石为不规则粒状（照片 4-6-2，照片中间），粒径仅 0.05~0.35mm。

照片 4-7　JxsB-4

　　红褐色白钨矿萤石矿（脉）：萤石风化面为红褐色，新鲜面为灰白色，岩石成分为萤石，以不规则粒状为主，局部可见自形菱面体或为菱面体的局部。

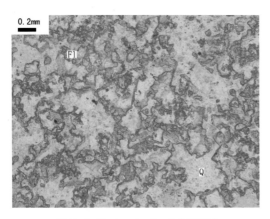

照片 4-7-1　Jxsb-4（正交）

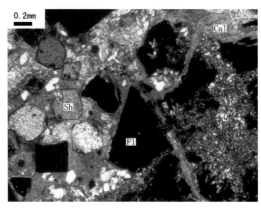

照片 4-7-2　Jxsb-4（正交）

　　白钨矿萤石矿（脉）：样品以红褐色石英萤石脉为主，被晚期近白色白钨矿萤石方解石脉切割。早期脉体由简单的石英（Q）和萤石（Fl）组成（照片 4-7-1），石英为 0.015~0.025mm 的他形粒状；萤石以不规则粒状为主，部分具菱面体轮廓，粒径 0.04~0.2mm，无色透明，晶面干净。晚期脉体宽 0.05~10mm，包括白钨矿（Sh）、萤石（Fl）和方解石（Cal）等，白钨矿为自形粒状，切面为棱边平直的多边形（照片 4-7-2），粒径 0.1~0.25mm，高正突起，糙面显著，一级干涉色（照片薄片偏厚）；萤石为自形菱面体或为菱面体的局部，粒径 0.1~0.8mm，无色透明；方解石从规则的菱面体到他形粒状均有，自形程度与脉体规模相关，晶面多亮净。

照片 4-8　JxsB-5

　　浅灰色不等粒灰岩：浅灰色，不等粒结构，块状构造。岩石由单一的方解石组成。岩石中穿插 0.04~2.5mm 宽的白色方解石脉体。大小不等的方解石基本均匀分布，相对粗大晶体的长轴略显定向，细粒方解石为他形粒状，彼此紧密镶嵌，长轴无定向性。

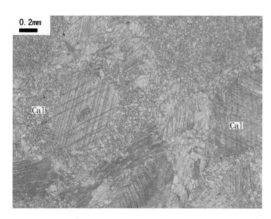

照片 4-9-1　Jxsb-5（单偏光）

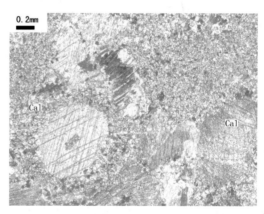

照片 4-9-2　Jxsb-5（正交）

　　不等粒灰岩：不等粒结构，近块状构造。岩石由单一的方解石（Cal）组成，受轻微韧性变形，粒径粗大的方解石被揉搓和破碎，晶体边缘往往形成串珠状的细粒组分，现粒径主要介于 0.02~1.0mm 间，大小相对连续。粗大晶体的棱边相对浑圆，有的晶体近眼球状（照片 4-9-1），双晶纹明显膝折或弯曲（照片 4-9-2），消光不均匀。大小不等的方解石基本均匀分布，相对粗大晶体的长轴略显定向，细粒方解石为他形粒状，彼此紧密镶嵌，长轴无定向性。

照片 4-10　JxsB-6

　　灰白色石英萤石矿（脉）：岩石萤石部分为紫色，石英部分为灰白色，粒状结构，条带
状构造。矿脉由石英和萤石组成，萤石多自形，切面以菱面体或菱面体的局部为主，粒径在
0.1~50mm，大小连续，脉体中心的晶体粒径明显粗大且自形，无色透明。石英以他形粒状为主，彼
此紧密镶嵌。

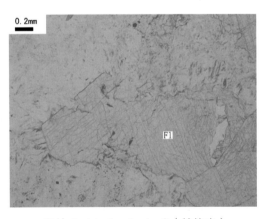

照片 4-11-1　Jxsb-6（单偏光）

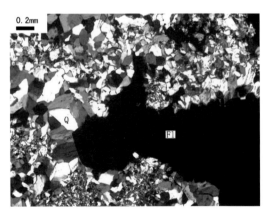

照片 4-11-2　Jxsb-6（正交）

　　石英萤石矿（脉）：粒状结构，条带状构造。矿脉由简单的石英（Q 60%）和萤石（Fl 40%）
组成，萤石多自形，切面以菱形或菱形的局部为主（照片 4-11-1），粒径在 0.1~50mm，大
小连续，脉体中心的晶体粒径明显粗大且自形，无色透明；石英以他形粒状为主，粒径多
在 0.02~0.1mm，彼此紧密镶嵌，靠近萤石的部分石英为棱边平直的板条状和马牙状，长轴达
0.2~0.3mm，并明显定向，具垂直萤石集合体的趋势（照片 4-11-2）。

照片 4-12　JxsB-7

灰色大理岩：粒状变晶结构，块状构造。岩石由方解石组成，方解石的棱边从平直到弯曲状均有，相对自形晶体具菱面体的切面轮廓。大小不等的方解石彼此紧密镶嵌，接触面从平直到凹凸状均有，长轴无定向性。

照片 4-13　Jxsb-7（正交）

大理岩：粒状变晶结构，块状构造。变晶矿物方解石（*Cal*）的棱边从平直到弯曲状均有，相对自形晶体具菱面体的切面轮廓，粒径 0.03~0.2*mm*，晶面多亮净，部分晶体受力明显波带状消光。大小不等的方解石彼此紧密镶嵌，接触面从平直到凹凸状均有，并具120°的三边稳定态结构，长轴无定向。

第五章　滑石菱镁矿

第一节　矿种介绍

菱镁矿化学组成为 $MgCO_3$，是三方晶系的碳酸盐矿物。白色或浅黄白、灰白色，有时带淡红色调，含铁者呈黄至褐色、棕色，陶瓷状者大都呈雪白色，常有铁、锰替代镁，但天然菱镁矿的含铁量一般不高。菱镁矿通常呈现晶粒状或隐晶质致密块状。玻璃光泽。具完全解理。瓷状者呈贝壳状断口。硬度 4~4.5。性脆。相对密度 2.9~3.1。含铁者密度和折射率均增大。隐晶质菱镁矿呈致密块状，外观似未上釉的瓷，故亦称瓷状菱镁矿。

菱镁矿是一种碳酸镁矿物，它是镁的主要来源。含有镁的溶液作用于方解石后，会使方解石变成菱镁矿，因此菱镁矿也属于方解石族。富含镁的岩石也会变化成菱镁矿。菱镁矿中常常含有铁，这是铁或锰取代掉镁的结果。

主要用作耐火材料、建材原料、化工原料和提炼金属镁及镁化合物等。

甘肃省菱镁矿成矿条件较好，层控晶质菱镁矿矿床产出的地层时代较多，主要有太古宙、元古宙，其中又以元古宙的菱镁矿最为重要，各个时代的层控菱镁矿矿床，矿层多产于各地层单元的中上层位。

从大地构造位置上看，甘肃省层控型菱镁矿矿床主要分布于祁连山褶皱祁连山间隆起带。矿山如图 5-1。

成矿时代为古生代。矿床成因均为接触交代型。

甘肃省已发现菱镁矿矿产地 2 处，主要分布在甘肃省河西地区的别盖、四道红山，以层控晶质菱镁矿矿床为主。累计探明储量 3 086.7 万吨，保有储量 3 082.9 万

图 5-1　矿山

吨，居全国第 5 位，矿石质量以三级品为主，占总储量的 97.26%，其次为二级品，
MgO 4.05%、CaO 4.71%。

第二节 岩浆热液交代型菱镁矿

——金塔县四道红山滑石菱镁矿

一、矿区地质特征

矿床位于蓟县纪平头山组下岩段（Jxp^1）中，从下至上为条带状、薄层状、中厚层状硅质白云石大理岩，渐变呈条纹状千枚岩和透辉石岩等，其中镁质碳酸盐岩是滑石－菱镁矿的矿化物质主要来源及矿体赋存部位。

位于四道红山复向斜中，由一个次级小背斜、两个次级小向斜组成，褶皱轴线北西西向，对镁质碳酸盐保存起了一定作用。主要断层有北西向、北西西向逆断层，断面呈疏缓波状，是滑石矿、菱镁矿的主要控矿构造，派生的次级小断裂控制了矿体分布。北东向平移断层切断主断层，破坏矿体的连续性。

侵入岩较为发育，主要为华力西期二长花岗岩、石英闪长岩、花岗闪长岩等，对成矿作用提供给了热源，对成矿起了重要作用。

围岩蚀变主要有菱镁矿化、滑石化和蛇纹石化，次为透闪石化、绿泥石化和硅化。

二、矿体特征

矿体产于蓟县纪平头山组细碎屑岩沉积所夹镁质碳酸盐透镜体中，含矿层位有3个，矿体在矿带中呈多层状。这3个含矿层的岩性均为灰白色白云石大理岩或硅质白云石大理岩。矿体的规模与白云石大理岩透镜体的大小成正比关系，也与含矿层在向斜构造中位置和距侵入岩体的距离也有关系，在向斜核部和靠近花岗岩的部位矿体厚度大，质量好，延深大。

全区共圈出滑石矿体31个，其中长度100m以上的17个，矿体的形态主要有似层状、不规则状、长条状，少数呈透镜状、扁豆状，并有分叉现象。一般长度在100~250m，最长390m，一般厚度10~30m，最厚49~30m，延深40~80m。由于成矿是顺层交代，矿体产状受地层岩性的控制，与地层产状基本一致，走向280º~320º，倾向南西，倾角50º~70º。

矿体在菱镁矿化白云石大理岩中，常成群产出，平行分布，矿化程度极不均匀，各品级矿石交叉分布，但较大的矿体，部分品级间略有连续性（图5-2）。

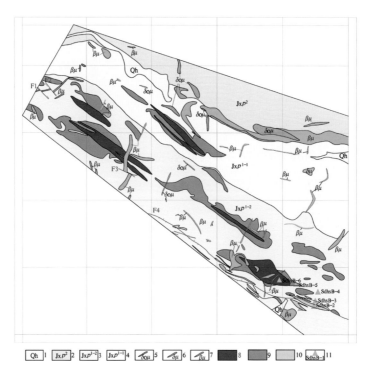

图5-2　甘肃省金塔县四道红山滑石菱镁矿矿区地质草图
（据王志恒等，四道红山菱镁矿普查报告，1991，修改）

1—第四系全新统：松散砂砾土、黏土、亚黏土层；2—蓟县纪平头山群上岩段：绿帘透闪石岩夹滑石、透闪石片岩、白云石大理岩、硅质白云石大理岩、滑石片岩；3—蓟县纪平头山群下岩段第二岩性段：白云石大理岩、二云片岩、二云石英片岩；4—蓟县纪平头山群下岩段第一岩性段：白云石大理岩、绢云石英片岩、灰色薄层大理岩、绢云板岩夹粉砂质千枚岩、硅质板岩；5—石英闪长玢岩脉；6—闪长玢岩脉；7—灰绿岩脉；8—菱镁矿矿体；9—菱镁矿矿化体；10—滑石矿体；11—标本采集位置及编号。

三、矿石特征

矿石矿物成分比较简单，主要为菱镁矿，含量 85%~99%，次有白云石（1%~15%），蛇纹石（0%~5%）、橄榄石（0%~3%）及微量的方解石、滑石、氧化铁、硅镁石等。

矿石有用组分是 MgO，一般含量 4%~46.35%。

矿石构造以块状为主，其次有皮壳状、条带状和斑染状。

矿物的生成顺序为橄榄石、白云石→菱镁矿→蛇纹石→滑石。

矿石自然类型为：白云石—菱镁矿矿石、白云石—蛇纹石—菱镁矿矿石、蛇纹石—菱镁矿矿石 3 类。

四、矿床成因

1. 与菱镁矿共生的白云石、蛇纹石、滑石、透闪石、绿泥石等是较典型的热液矿物。

2. 交代结构普遍发育。

3. 矿体与围岩呈渐变关系，仅以菱镁矿的强弱来区分。

综上所述，矿床为镁质碳酸盐中的晶质菱镁矿矿床，属热液交代成因。

五、矿床模式

在中元古代结晶基底之上，华力西中期伴随着大规模的构造运动，地壳深部的岩浆发生部分熔融，形成地壳重熔花岗岩浆，由此分异出来的富含挥发性（和成矿物质）的中酸性、酸性岩浆，沿主断裂由深部向地表迁移，形成了广泛分布的花岗闪长岩体系列，伴随着岩浆上升侵位，形成成矿流体。这些含镁热液沿着白云石大理岩抵抗力最小的向斜构造层理或构造脆弱带运移，受区域变质作用的影响，温度升高，压力增大，岩层中的粒间水析出，在其迁移过程中溶解深部白云石大理岩中的钙镁离子，成矿物质 MgO 逐渐富集，由于构造运动，岩层形成褶皱、破裂带，成为开放系统，热液由高压区迁移至低压区，温度降低、压力减小，对层间裂隙带白云石大理岩进行交代，从而形成菱镁矿。甘肃省金塔县四道红山式热液交代型菱镁矿典型矿床成矿模式见图 5-3。

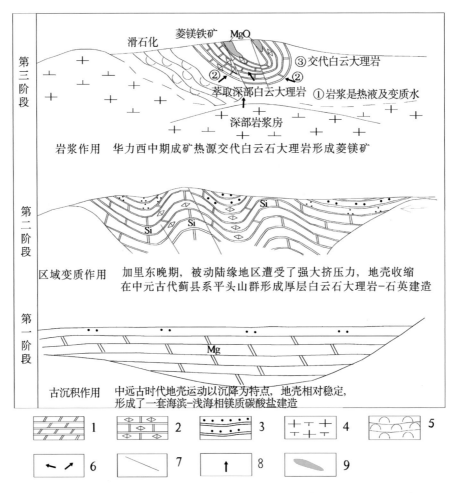

图 5-3　四道红山式热液交代型菱镁矿成矿模式图（据余超等，2017）

1—白云石大理岩；2—硅质白云石大理岩；3—粉砂质板岩；4—花岗闪长岩；5—滑石片岩；6—挤压应力方向；7—断层；8—热液运动方向；9—锰矿体。

六、标本采集简述

金塔县四道红山滑石菱镁矿区共采集岩矿石标本 6 块（表 5-1）。其中矿石标本 4 块，岩石标本 2 块，矿石标本岩性为灰白色滑石矿、灰黑色含磁铁矿滑石矿、灰色含蛇纹石菱镁矿矿石、浅灰色菱镁矿矿石；岩石标本岩性为灰绿色强蛇纹石化橄榄岩、深灰色滑石化透闪石岩。本次采集的标本基本覆盖了四道红山滑石菱镁矿不同类型的矿石、岩石，较全面地反映了祁连地区岩浆热液交代型菱镁矿的地质特征。

表 5-1　四道红山滑石菱镁矿采集典型标本

序号	标本编号	标本岩性	标本类型	片编号
1	SdhsB-1	灰白色滑石矿	矿石	Sdhsb-1
2	SdhsB-2	灰黑色含磁铁矿滑石矿	矿石	Sdhsb-2
3	SdhsB-3	灰绿色强蛇纹石化橄榄岩	围岩	Sdhsb-3
4	SdhsB-4	深灰色滑石化透闪石岩	围岩	Sdhsb-4
5	SdhsB-5	灰色含蛇纹石菱镁矿矿石	矿石	Sdhsb-5
6	SdhsB-6	浅灰色菱镁矿矿石	矿石	Sdhsb-6

七、岩矿石标本及光薄片照片说明

照片 5-1　SdhsB-1

灰白色滑石矿：灰白色，鳞片状变晶结构，定向构造。矿石由单一的滑石组成，滑石晶体彼此构成致密状集合体，硬度小，指甲刻有粉末，手摸有滑感。

照片 5-2　Sdhsb-1（正交）

灰白色滑石矿：鳞片状变晶结构，定向构造。矿石由单一的滑石（Tc）组成，滑石多为细微的鳞片状，个别近叶片状，长轴 $0.02 \sim 0.06mm$，正低突起，干涉色为鲜艳的三级以上。滑石晶体彼此构成致密状集合体，长轴明显定向，受力集合体的长轴微褶曲。

照片 5-3　SdhsB-2

灰黑色含磁铁矿滑石矿：鳞片状变晶结构，渐变条纹状构造。矿石组分以滑石为主，少量磁铁矿。硬度小，指甲刻有粉末，手摸有滑感。

照片 5-4-1　Sdhsb-2（正交）

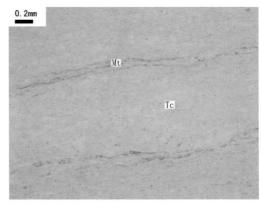

照片 5-4-2　Sdhsb-2（单偏光）

灰黑色含磁铁矿滑石矿：鳞片状变晶结构，渐变条纹状构造。矿石组分以滑石（*Tc* 96%）为主，少量磁铁矿（*Mt*）。滑石为细微的鳞片状，长轴 0.02~0.05*mm*，属定向性强的致密状集合体（照片 5-4-1）。磁铁矿为细小的微粒状或粉末状集合体，多彼此衔接成 0.05~0.15*mm* 宽的断续渐变状条纹（照片 5-4-2）。

照片 5-5　SdhsB-3

灰绿色强蛇纹石化橄榄岩：变余粒状镶嵌结构，网状结构，块状构造。岩石由残余橄榄石和次生蛇纹石组成，橄榄石被蛇纹石集合体切割成大小不等、边缘浑圆的孤岛状。蛇纹石均为纤维状集合体，沿橄榄石的边缘和裂理分布，具网状结构。

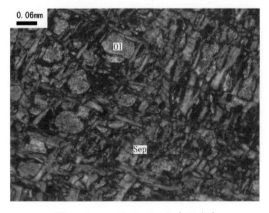

图 5-6-1　Sdhsb-3（正交）

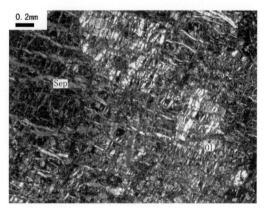

图 5-6-2　Sdhsb-3（正交）

强蛇纹石化橄榄岩：变余粒状镶嵌结构，网状结构，块状构造。岩石由残余橄榄石（Ol 38%）和次生蛇纹石（Sep 60%）组成，橄榄石被蛇纹石集合体切割成大小不等、边缘浑圆的孤岛状（照片 5-6-1），高正突起，干涉色鲜艳，依据同一晶体具统一的消光位可大致识别原生橄榄石的粒状轮廓（照片 5-6-2），橄榄石彼此紧密堆积具粒状镶嵌结构。蛇纹石均为纤维状集合体，沿橄榄石的边缘和裂理分布，具网状结构。

照片 5-7　SdhsB-4

深灰色滑石化透闪石岩：杆状纤维状变晶结构，交代结构，块状构造。岩石由透闪石和次生滑石组成，透闪石为纤维状和杆状，纤维状晶体形成放射状和扇状集合体。透闪石的边缘不同程度地滑石化，部分晶体被滑石集合体完全代替，手摸略有滑感。

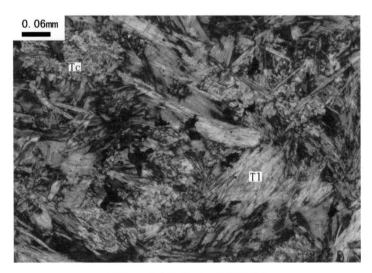

照片 5-8　Sdhsb-4（正交）

滑石化透闪石岩：杆状纤维状变晶结构，交代结构，块状构造。岩石由透闪石（Tl 80%）和次生滑石（Tc 20%）组成，透闪石为纤维状和杆状，中正突起，干涉色鲜艳，纤维状晶体形成放射状和扇状集合体，杆状晶体的长宽比值大于10:1，垂直长轴具竹节状解理，多为束状集合体，各种形态的透闪石总体杂乱分布。透闪石的边缘不同程度地滑石化，部分晶体被滑石集合体完全代替。

照片 5-9　SdhsB-5

　　灰色含蛇纹石菱镁矿矿石：浅灰色，纤维粒状变晶结构，渐变条带－团块状构造。矿石由菱镁矿和少量蛇纹石组成。蛇纹石均为纤维状，分布在矿石的局部。菱镁矿为自形程度差异的菱面体和不规则他形粒状，彼此紧密镶嵌，具粒径差异的渐变条带。

照片 5-10-1　Sdhsb-5（正交）

照片 5-10-2　Sdhsb-5（正交）

　　含蛇纹石菱镁矿矿石：纤维粒状变晶结构，渐变条带－团块状构造。矿石由菱镁矿（*Mag* 96%）和蛇纹石（*Sep* 4%）组成。蛇纹石均为纤维状，构成边缘截然且具一定轮廓的集合体（照片 5-10-1），仅分布在矿石的局部。菱镁矿为自形程度差异的菱面体和不规则他形粒状，粒径连续介于 0.1~1.8*mm* 间，具完整的菱形解理，无聚片双晶，闪突起明显。菱镁矿彼此紧密镶嵌，接触面从平直到凹凸状，具粒径差异的渐变条带（照片 5-10-2）。

照片 5-11　SdhsB-6

　　浅灰色菱镁矿矿石：浅灰色，微晶状、粒状变晶结构，渐变条带状构造。矿石由单一的菱镁矿组成，菱镁矿以自形程度差异的粒状为主，部分为致密状微晶集合体。粒状菱镁矿和微晶状菱铁矿集合体分布不均匀，具粒径或晶形差异的渐变条带。

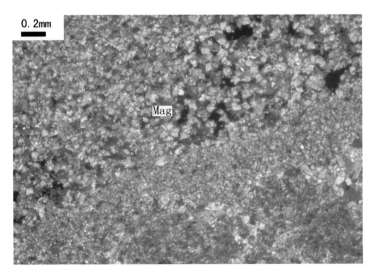

照片 5-12　Sdhsb-6（正交）

　　菱镁矿矿石：微晶状、粒状变晶结构，渐变条带状构造。矿石由单一的菱镁矿（Mag）组成，菱镁矿以自形程度差异的粒状为主，部分为致密状微晶集合体。粒状晶体的大小多介于 0.02~0.2mm 间，较自形晶体的棱边平直，切面近菱形，晶体内包含微量泥铁质而晶面略脏；微晶状菱镁矿集合体仅显光性。粒状菱镁矿和微晶状菱铁矿集合体分布不均匀，具粒径或晶形差异的渐变条带，该条带横向延伸相对稳定。

第六章　石膏矿

第一节　矿种介绍

石膏是单斜晶系矿物，是主要化学成分为硫酸钙（$CaSO_4$）的水合物，化学式为 $CaSO_4 \cdot 2H_2O$。其中 CaO 32.5%、SO_3 46.6%、H_2O 20.9%，此外常含有黏土、砂粒、有机物、硫化物等。石膏中尚含有钛、铜、铁、铝、硅、锰、银、镁、钠、铅、锌、钴、铬、镍等微量元素，颜色为白色、无色，含杂质时显黄 - 红色，透明到半透明，玻璃、绢丝或珍珠光泽，贝壳状，有时纤维状，矿物密度 2.31~2.33，硬度 1.5~2。

石膏是一种用途广泛的工业材料和建筑材料。可用于水泥缓凝剂、石膏建筑制品、模型制作、医用食品添加剂、硫酸生产、纸张填料、油漆填料等。石膏及其制品的微孔结构和加热脱水性，使之具有优良的隔音、隔热和防火性能。

甘肃已发现石膏产地 77 处，探明并列入矿产储量表的产地 12 处，资源分布广，但主要分布在甘肃省河西天祝县境内。12 处石膏产地的勘探程度是经普查的 4 处、详查 6 处、勘探 2 处。

现拥有年产 8 万吨 ~30 万吨的重点矿石 4 处，采矿点 200 余处。1988 年石膏矿产量达 90 万吨，矿石 88% 销售给外省，主要销售给东北、华北、中南、西南等 22 个地区，甘肃省内石膏矿石的消耗主要用于水泥工业，只有少数用于新型建材和农业。

石膏是甘肃的优势矿产，也是甘肃省出口创汇的矿产品之一。根据国内外市场的发展趋势，甘肃省石膏资源的发展前景被看好，可继续发挥资源优势。

第二节　潟湖相沉积型石膏矿床

——天祝县火烧城石膏矿

一、矿床地质特征

矿区出露地层为下石炭统臭牛沟组（C_1c），总厚达 187m，属含矿岩系，下石炭统与下志留统马营沟组（S_1m）、上三叠统延长群（T_3Y）均呈断层接触。地层走向为 120°，为区域构造线的方向。

含矿岩系为下石炭统臭牛沟组（C_1c），其岩性可分为 3 层：

上部石膏层（C_1c^3）：仅残存于矿区东部，下部为石膏层，岩性同第一层的上部，夹 1~5 层页岩，灰岩透镜体（夹层共厚 0.12~2.43m）。石膏一般厚 11.90~26.27m，最厚 32.29m，最薄 4.75m。上部为黑灰色石灰岩和灰绿色页岩，夹薄层石膏 4~8 层。

中部灰岩层（C_1c^2）：出露于矿区南部，为灰色－灰黑色致密块状灰岩，顶部具鲕状构造，夹薄层石膏及透镜状石膏。

下部为石膏层（C_1c^1）：出露于矿区西南部，上部由青灰色石膏、灰白色石膏、水化硬石膏及灰绿色黏土质石膏组成，深部含角砾状石膏。矿层内夹 1~6 层页岩、灰岩（局部地方为细砂岩）透镜体，下部为灰色石灰岩（厚 0~27m）。本层顶板为第二层灰岩，局部缺失，直接与上三叠统延长群接触，底部与下志留统马营沟组呈断层接触。

西矿段构造简单，为具轻微褶皱的单斜，东段则较复杂，上石炭统与下三叠统形成的复式褶曲构造，背斜在北，向斜在南，轴向由西部的120°向东转为170°，呈一弧形，背斜、向斜两翼产状为10°~70°∠45°~75°，属轴向倾向北东的同斜褶皱。断层多在含矿层以外，对矿区影响不大（图6-1）。

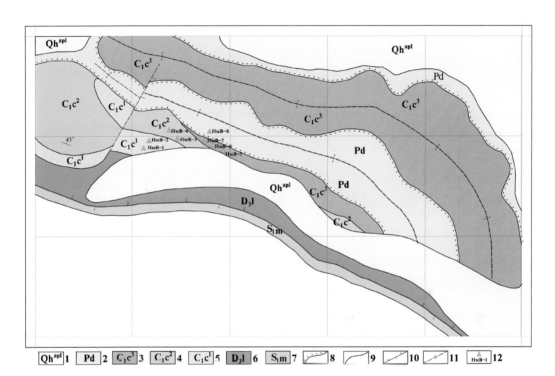

图 6-1　天祝县火烧城石膏矿矿区地质草图
（据张友義，火烧城石膏矿普查勘探报告，1960，修改）

1—第四系全新统：松散砂砾土、黏土、亚黏土层；2—二叠系大泉组：细砾岩、砂岩、粉砂岩；3—石炭系臭牛沟组上部石膏层：白色石膏夹页岩及少量灰岩透镜体；4—石炭系臭牛沟组上中部石膏层：灰色-灰黑色致密块状灰岩，顶部具鲕状构造，夹薄层石膏及透镜状石膏；5—石炭系臭牛沟组上下部石膏层：上部由青灰色石膏、灰白色石膏、水化硬石膏及灰绿色黏土质石膏组成，深部含角砾状石膏，下部为灰色石灰岩；6—泥盆系老君山组：砾岩、粗砂岩夹少量砂岩；7—志留系马营沟组：粉砂质板岩；8—实测角度不整合界线；9—实测整合界线；10—实测逆断层；11—背斜褶皱轴及脊线倾没方向；12—标本采集位置及编号。

二、矿体特征

矿区有两个含矿层，下部石膏层长2050m，厚9.77~81.40m，石膏一般厚11.66~29.15m；上部石膏层分布不稳定，厚11.90~84.50m，石膏一般厚4.75~32.29m，一般为 11.90~26.27m。

三、矿石特征

矿物成分为石膏、硬石膏、水化硬石膏、黏土质石膏、角砾状石膏、碳酸盐类矿物、天青石、电气石、矿石化学成分为 $CaSO_4·2H_2O$、$CaSO_4$。并按指标规定划分为Ⅰ、Ⅱ、Ⅲ、级外等 4 个品级，以Ⅱ级品为主。

矿石结构有板状不等粒变晶结构、不等粒花岗变晶结构，中细粒半自形、他形粒状结构。

矿石类型有石膏、硬石膏、水化硬石膏、黏土质石膏、角砾状石膏。以前三种为主，石膏达到工业品级，有害组分 MgO 含量较低，一般在 0.5%~1.5%，矿石质量以中浅部较好，往深部变劣。

四、矿床成因

矿床成因属泻湖相沉积型，由于沉积环境不稳定，故矿体厚度和岩相变化较大，夹层较多，矿床规模为大型。

五、矿床标本简述

天祝县火烧城石膏矿区共采集岩矿石标本 9 块（表 6-1）。其中矿石标本 6 块，岩石标本 3 块，矿石标本岩性为浅灰色石膏岩、灰色断续纹层状石膏硬石膏岩、浅肉红色断续条纹状石膏岩、深灰色含泥碳质硬石膏岩、浅灰绿色含泥石膏岩；岩石标本岩性为灰色碎裂岩化泥微晶白云岩、灰色泥微晶灰岩、紫红色含铁硅质胶结细中粒长石砂岩。本次采集的标本基本覆盖了火烧沟石膏矿不同类型的矿石、岩石，较全面地反映了祁连地区泻湖相沉积型石膏矿的地质特征。

表 6-1 火烧沟石膏矿采集典型标本

序号	标本编号	标本岩性	标本类型	薄片编号
1	HscB-1	浅灰色石膏岩	矿石	Hscb-1
2	HscB-2	灰色断续纹层状石膏硬石膏岩	矿石	Hscb-2
3	HscB-3	灰色碎裂岩化泥微晶白云岩	围岩	Hscb-3
4	HscB-4	浅肉红色断续条纹状石膏岩	矿石	Hscb-4
5	HscB-5	深灰色含泥碳质硬石膏岩	矿石	Hscb-5
6	HscB-6	浅灰绿色含泥石膏岩	矿石	Hscb-6
7	HscB-7	灰色泥微晶灰岩	围岩	Hscb-7
8	HscB-8	紫红色含铁硅质胶结细中粒长石砂岩	围岩	Hscb-8
9	HscB-9	白色石膏	矿石	

六、岩矿石标本及光薄片照片说明

照片 6-1　HscB-1

　　浅灰色石膏岩：浅灰色，纤维状、板柱状结构，块状构造。岩石组分为单一的石膏，以板柱状为主，少量纤维状；细微的纤维状晶体常构成放射状或扇状集合体，多分布在板柱状晶体的空隙中。

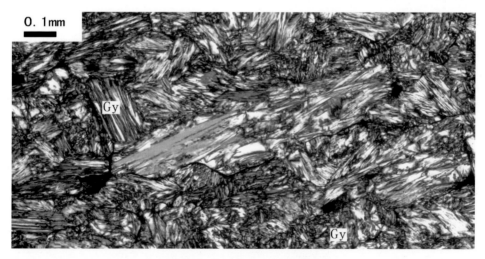

照片 6-2　Hscb-1（正交）

　　白色石膏岩：纤维状、板柱状结构，块状构造。岩石组分为单一的石膏（Gy），以板柱状为主，少量纤维状，板柱状晶体的切面多为 0.1~1.0mm 的长条状，解理完全，沿解理缝平行消光；细微的纤维状晶体常构成放射状或扇状集合体，多分布在板柱状晶体的空隙中。石膏的光学性质特征，负低突起，具不明显的糙面，灰白干涉色。

照片 6-3　HscB-2

　　灰色断续纹层状石膏硬石膏岩：板柱状结构，断续纹层状构造。岩石组分包括硬石膏、石膏、白云石和泥碳质等，岩石较疏松，锤击易成碎末。

照片 6-4-1　Hscb-2（正交）

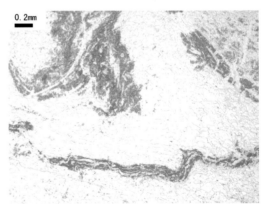

照片 6-4-2　Hscb-2（单偏光）

　　断续纹层状石膏硬石膏岩：板柱状结构，断续纹层状构造。岩石组分包括硬石膏（*Ah* 84%）、石膏（*Gy* 10%）、白云石（*Do* 4%）和泥碳质（2%）等。硬石膏为板柱状，切面为矩形和不规则粒状，长轴 0.04~0.2*mm*，具两组近相互垂直的假立方解理，正中突起，干涉色鲜艳，长轴平行消光。石膏脱水多转变为硬石膏，残留体为较规则的板柱状，长条状切面的长轴在 0.1~0.8*mm*，残留体中分布大小不等、粒径差异的硬石膏（照片 6-4-1），硬石膏和石膏的长轴具一致的定向性。白云石为不规则的细微粒状，多和隐晶状泥碳质集合体紧密伴生，富集成断续且弯曲状的暗色纹层（照片 6-4-2）。

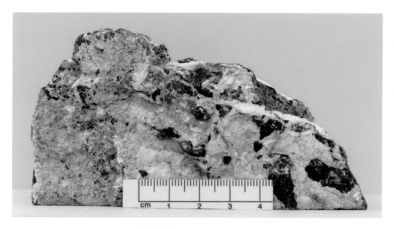

照片 6-5　HscB-3

　　灰色碎裂岩化泥微晶白云岩：碎裂结构，泥微晶结构，块状构造。岩石被纵横交错的脆性裂隙切割成大小不等的棱角状碎块，大多碎块相互具可拼性，裂隙被石膏集合体充填。原岩由白云石和泥碳质组成。局部石膏晶体相互平行，长轴垂直裂隙壁。

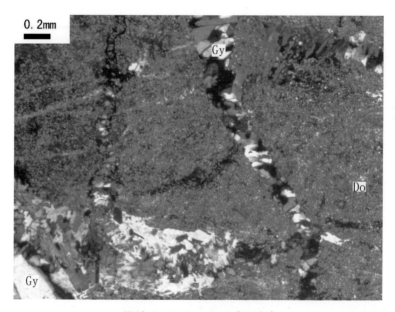

照片 6-6　Hscb-3（正交）

　　碎裂岩化泥微晶白云岩：碎裂结构，泥微晶结构，块状构造。岩石被纵横交错的脆性裂隙切割成大小不等的棱角状碎块，大多碎块相互具可拼性，裂隙被石膏（Gy 24%）集合体充填。原岩由简单的白云石（Do 72%）和泥碳质组成。白云石主要为他形粒状微晶，部分为隐晶状泥晶，泥碳质为质点状集合体，较均匀的分布在白云石的晶体内和晶体粒间，因而岩石的色较深。裂隙充填物石膏为自形程度差异的板柱状，长轴 0.02~2.0mm，局部石膏晶体相互平行，长轴垂直裂隙壁。

照片6-7　HscB-4

　　浅肉红色断续条纹状石膏岩：板柱状结构，渐变团块状－断续纹层状构造。岩石由石膏和泥碳质组成。纤维状晶体常形成放射状或扇状集合体。板柱状和纤维状石膏分布不均匀，构成具粒径差异的渐变团块，在不同的团块中石膏的晶体长轴均杂乱分布。隐晶状泥碳质常富集成1~2mm宽的断续渐变纹层。

照片6-8　Hscb-4（正交）

　　浅肉红色断续条纹状石膏岩：板柱状结构，渐变团块状－断续纹层状构造。岩石由石膏（Gy 96%）和泥碳质（4%）组成。石膏为板柱状和纤维状，板柱状晶体的棱边多较平直，切面近粗大的长条状，有的晶体消光不均匀；纤维状晶体常形成放射状或扇状集合体。板柱状和纤维状石膏分布不均匀，构成具粒径差异的渐变团块，在不同的团块中石膏的晶体长轴均杂乱分布。隐晶状泥碳质常富集成1~2mm宽的断续渐变纹层，该纹层在标本上为黑色。

照片 6-9　HscB-5

　　深灰色含泥碳质硬石膏岩：深灰色，板柱状结构，近块状构造。岩石由硬石膏和隐晶状泥碳质组成。硬石膏多为较规则的板柱状。暗色的泥碳质集合体多分布在硬石膏的晶体粒间，局部略富集。

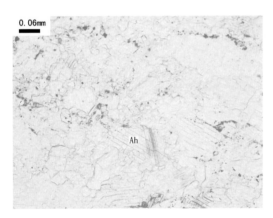

照片 6-10-1　Hscb-5（单偏光）

照片 6-10-1　Hscb-5（正交）

　　含泥碳质硬石膏岩：板柱状结构，近块状构造。岩石由硬石膏（*Ah* 95%）和隐晶状泥碳质（5%）组成。硬石膏多为较规则的板柱状，切面近矩形和不规则粒状，长轴 0.04~0.2*mm*，正中突起，具两组近相互垂直的假立方解理（照片 6-10-1），大小不等的硬石膏彼此紧密镶嵌，接触面多平直，长轴略显定向（照片 6-10-2）。暗色的泥碳质集合体多分布在硬石膏的晶体粒间，局部略富集。

照片 6-11　HscB-6

　　浅灰绿色含泥石膏岩：板柱状结构，微纹层状构造。岩石由石膏、泥质物和微量方解石等组成。石膏主要为板柱状，微量纤维状，岩石中可见暗色微纹层，矿石，锤击易沿该纹层裂开。

照片 6-12-1　Hscb-6（正交）

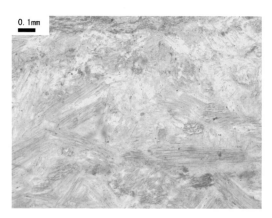

照片 6-12-2　Hscb-6（单偏光）

　　浅灰绿色含泥石膏岩：板柱状结构，微纹层状构造。岩石由石膏（Gy 96%）、泥质物（3%）和微量方解石（Cal）等组成。石膏主要为板柱状，微量纤维状，板柱状晶体的棱边多较平直，切面多近长条状，个别切面近规则的多边形（照片 6-12-1），长轴以 0.08~1.0 mm 为主，杂乱分布。纤维状石膏常形成大小不等的放射状集合体，主要分布在板状晶体的空隙中。他形粒状方解石星点状分布。泥质物为隐晶状集合体，完全被石膏晶体包裹，常富集成 0.1~0.3 mm 宽的暗色微纹层（照片 6-12-2），岩石易沿该纹层裂开。

照片 6-13　HscB-7

　　灰色泥微晶灰岩：泥微晶结构，块状构造。岩石由碎屑物石英、方解石、金属矿物和隐晶状泥质等组成。岩石中发育纵横交错的方解石脉体，大部分脉体的延伸具有定向性，同时脉体的边缘截然。

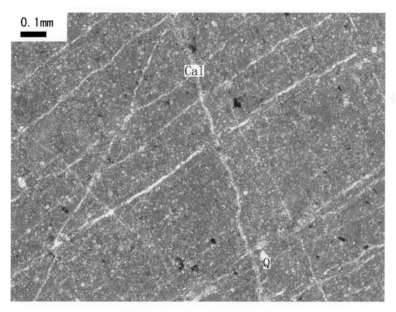

照片 6-14　Hscb-7（正交）

　　泥微晶灰岩：泥微晶结构，块状构造。岩石由碎屑物石英（Q）、方解石（Cal 90%）、金属矿物（2%）和隐晶状泥质（2%）等组成。碎屑物石英形态复杂，星点状分布。金属矿物为自形程度差异的粒状或粒状集合体（照片中黑色）。方解石主要为他形粒状微晶，部分为隐晶状泥晶，泥质物较均匀地分布在方解石的晶体内和晶体粒间。纵横交错的方解石脉体宽 0.02~0.1mm，大部分脉体的延伸具有定向性，同时脉体的边缘截然，应属裂隙充填型脉体。

照片 6-15　HscB-8

照片 6-16　Hscb-8（正交）

紫红色含铁硅质胶结细中粒长石砂岩：风化面为紫红色，新鲜面为灰色，细中粒砂状结构，块状构造。碎屑物为石英、斜长石、钾长石、白云母和岩屑石英岩、泥板岩等，分选较差，磨圆中等，石英和长石以次棱角状和次圆状为主。填隙物包括泥杂基和胶结物硅质、铁质、钙质方解石等，具孔隙式－接触式胶结类型。

含铁硅质胶结细中粒长石砂岩：细中粒砂状结构，块状构造。碎屑物为石英（Q）、斜长石（Pl）、钾长石（Kf）、白云母和岩屑石英岩（Qp）、泥板岩（sl）等，分选较差，磨圆中等，石英和长石以次棱角状和次圆状为主，泥板岩岩屑的局部散边形。石英碎屑自生加大边常见且加大边较宽。斜长石强绢－白云母化，有的仅具碎屑轮廓假象；钾长石属微斜条纹长石，微黏土化。同成分的不同岩屑内部组构有较大差异，非同源性。填隙物包括泥杂基和胶结物硅质、铁质、钙质方解石等，具孔隙式－接触式胶结类型。隐晶状泥杂基和铁质紧密伴生；硅质胶结物结晶成石英微晶或为石英碎屑的自生加大边；方解石为晶面亮净的他形粒状。

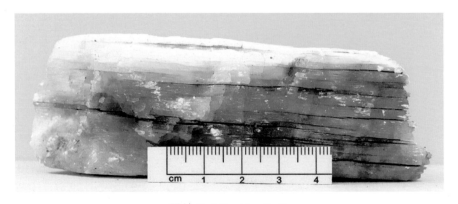

照片 6-17　HscB-9

　　白色石膏：纤维状，块状构造。岩石组分为单一的石膏，以纤维状为主；细微的纤维状晶体常构成放射状或扇状集合体，多分布在板柱状晶体的空隙中。

第七章　方解石矿

第一节　矿种介绍

方解石是地壳最重要的造岩矿石。英文名：calcite，属碳酸盐矿物，化学成分：$CaCO_3$，三方晶系，三组完全解理，天然碳酸钙中最常见的就是它。因此，方解石是一种分布很广的矿物。方解石的晶体形状多种多样，它的集合体可以是一簇簇的晶体，也可以是粒状、块状、纤维状、钟乳状、土状等。敲击方解石可以得到很多方形碎块，故名方解石。

呈菱面体和偏三角面体，其聚形呈钉头状和犬牙状，以块状、粒状、纤维状和钟乳状集合体产出，白色、无色、灰色、红色、棕色、绿色和黑色，条痕白色到灰色，透明到半透明，玻璃到珍珠光泽或暗淡光泽。硬度 2.50~3.75，比重 2.6~2.9g/cm³。断口，玻璃光泽，完全透明至半透明，非常纯净完全透明的晶体俗称为冰洲石（iceland spar）。方解石的晶体形状多种多样，石灰岩、大理岩和美丽的钟乳石之主要矿物即为方解石。在泉水中可沉积出石灰华，在火成岩内亦常为次生矿物，在玄武岩流的杏仁孔穴中，沉积岩之裂缝内常有方解石充填而成细脉，或透过生物学作用，以贝壳或岩礁的方式产出。

一般方解石用于化工、水泥等工业原料。方解石在冶金工业上用做熔剂，在建筑工业方面用来生产水泥、石灰。也用于塑料，造纸，牙膏。食品中作填充添加剂。玻璃生产中加入方解石成份，生成的玻璃会变得半透明，特别适用于做玻璃灯罩。冰洲石（无色透明的方解石）因具双折射，常被利用于偏光棱镜。

第二节　中低温热液充填交代型方解石矿床

——临洮县蒋家山方解石矿

一、矿区地质特征

该方解石矿产于下震旦统兴隆山群第四岩组（ZX^4）硅质灰岩内，矿区出露地层自上而下为：灰白色中厚层结晶灰岩 >200m；灰白色中厚层条带状结晶岩 40~50m；灰白色结晶灰岩夹薄层大理 100~120m；淡灰色中厚层硅质灰岩 100m；乳白色硅质岩 150m；淡灰色中厚层条带状硅质灰岩 > 100m。

上述各岩层均呈整合接触，走向南西，倾向北西（310º~350º），倾角较陡（ > 65º）。矿区构造简单，为向北西倾斜的单斜构造。断裂构造比较发育，成矿前的断裂以北西和南北向为主，对成矿起明显控制作用，成矿后的断裂多为北东向，常切割破坏矿体。

二、矿体特征

矿区内方解石矿化普遍，以大小不等、形状各异的脉状产出。

主要矿脉有 3 条：Ⅰ号矿脉长 660m，平均厚 6.3m；Ⅱ号矿脉长 305m，平均厚 5.5m；Ⅲ号矿脉长 145m，平均 2m。同一矿脉受侵蚀切割的影响在山脊和沟谷均有出露，垂直高差最大 160m，最小 88m，3 条矿脉沿走向和倾向产状比较稳定；厚度变化不大，倾角较陡：60º~70º。

三、矿石特征

矿脉完全由单一方解石组成，共生和伴生矿物甚微，矿石质量极佳，方解石多呈晶簇、块状集合体产出，也常见菱面体、复三方偏三角面体等良好的晶形。

样品化学分析结果（平均值）为，GaO（55.03%）、MgO（0.14%）、SiO_2（0.10%），估计矿石储量 > 50 万吨。

四、矿床成因

本方解石矿属中低温热液充填交代矿床，成矿机制及找矿方向有待进一步研究，蒋家山方解石矿因其一定规模，矿石质量优良，容易开采，无需选矿。

五、标本采集简述

临洮县中铺蒋家山方解石矿区共采集岩矿石标本 7 块（表 7-1）。其中矿石标本 5 块，岩石标本 2 块，矿石标本岩性为白色方解石脉体、乳白色方解石脉体、乳白色方解石脉体、褐色方解石晶簇、乳白色柱状方解石脉体；岩石标本岩性为灰色含碳质大理岩、深灰色含碳质绢云母千枚岩。本次采集的标本基本覆盖了蒋家山方解石矿不同类型的矿石、岩石，较全面地反映了祁连地区中低温热液充填交代型方解石矿床的地质特征。

表 7-1 蒋家山方解石矿采集典型标本

序号	标本编号	标本岩性	标本类型	薄片编号
1	JjsB-1	白色方解石脉体	矿石	Jjsb-1
2	JjsB-2	乳白色方解石脉体	矿石	Jjsb-2
3	JjsB-3	乳白色方解石脉体	矿石	Jjsb-3
4	JjsB-4	褐色方解石晶簇	矿石	Jjsb-4
5	JjsB-5	乳白色柱状方解石脉体	矿石	Jjsb-5
6	JjsB-6	灰色含碳质大理岩	围岩	Jjsb-6
7	JjsB-7	深灰色含碳质绢云母千枚岩	围岩	Jjsb-7

六、岩矿石标本及光薄片照片说明

照片 7-1　JjsB-1

照片 7-2　Jjsb-1（正交）

　　白色方解石脉体：白色，局部表面铁染而呈紫红色，柱状、粒状结构，定向构造。方解石多为粒状和长柱状，部分晶体具菱面体轮廓，棱边多平直，粒径 1.0~30mm，菱形解理完全。

　　方解石脉体：柱状、粒状结构，定向构造。方解石（Cal）多为粒状和长柱状，部分晶体具菱面体轮廓，棱边多平直，粒径 1.0~30mm，菱形解理完全，闪突起显著，高级白干涉色，部分晶体明显消光不均匀。大小不等的方解石晶体彼此紧密镶嵌，接触面多较平直，长轴明显定向。

照片 7-3　JjsB-2

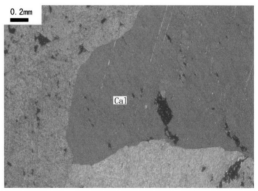

照片 7-4　Jjsb-2（正交）

　　乳白色方解石脉体：新鲜面为白色，风化面呈紫红色，柱状、粒状结构，定向构造。方解石多具粒状和长柱状晶形或轮廓，棱边从平直到弯曲状均有，粒径 1.0~30mm，菱形解理完全。方解石彼此的接触面从平直到弯曲状均有，长轴明显定向，岩石表面方解石晶簇

　　方解石脉体：柱状、粒状结构，定向构造。该照片为脉体中部的显微特征，方解石（Cal）多具粒状和长柱状晶形或轮廓，棱边从平直到弯曲状均有，粒径 1.0~30mm，菱形解理完全，磨制薄片的过程容易掉块形成大小不等的近菱形孔洞（照片中黑色）。方解石彼此的接触面从平直到弯曲状均有，长轴明显定向。

照片 7-5　JjsB-3

乳白色方解石脉体：柱状、粒状结构，显微渐变条带状构造。方解石多具长柱状晶形或轮廓，棱边从平直到弯曲状均有，长轴以1.0~20mm为主，隐晶状泥铁质形成渐变条带，该条带在不同的晶体中具有连贯性。

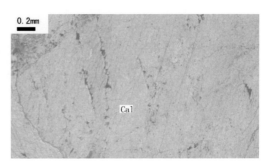

照片 7-6　Jjsb-3（正交）

方解石脉体：柱状、粒状结构，显微渐变条带状构造。该照片为脉体中部，方解石（Cal）多具长柱状晶形或轮廓，棱边从平直到弯曲状均有，长轴以1.0~20mm为主，隐晶状泥铁质周期性供给形成显微渐变条带，该条带在不同的晶体中具有连贯性（照片中暗色的隐晶状泥铁质弯曲状贯穿左右两个晶体）。

照片 7-7　JjsB-4

褐色方解石晶簇：方解石晶簇垂直基地岩石近平行生长，晶簇底部紧密镶嵌的长度以5~7mm为主，晶簇顶部相互孤立的晶芽长度介于2~10mm间，晶芽具完整的复三方偏三角面体晶形。玻璃光泽，微透明，新鲜面白色，晶簇之间和大部分外露晶面铁染具褐色调，硬度较低，小刀可以刻画，断面菱形解理完全。

照片7-8　JjsB-5

乳白色柱状方解石脉体：岩石由三粒定向分布的桶柱状方解石（Cal）组成，晶面干净，菱形解理十分完全。晶洞中可见方解石小晶簇。

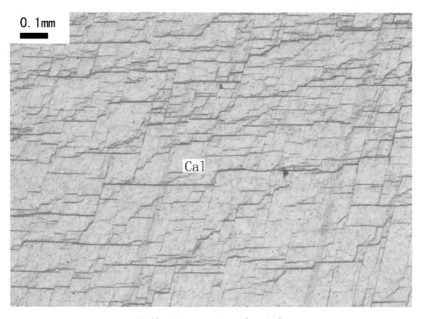

照片7-9　Jjsb-5（正交）

柱状方解石脉体：岩石由三粒定向分布的桶柱状方解石（Cal）组成，垂直长轴切制薄片，晶面干净，菱形解理十分完全。（照片视域为单晶体）

照片 7-10　JjsB-6

灰色含碳质大理岩：风化面由于铁染局部呈红褐色，新鲜面为灰色，粒状变晶结构，变余渐变纹层构造。岩石由变晶方解石和碳质残余物等组成。二者形成渐变纹层，局部方解石成透镜状。

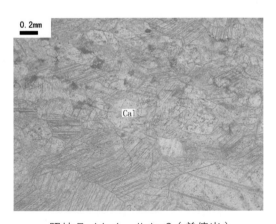

照片 7-11-1　Jjsb-6（单偏光）

照片 7-11-2　Jjsb-6（正交）

含碳质大理岩：粒状变晶结构，变余渐变纹层构造。岩石由变晶方解石（*Cal* 94%）和碳质残余物组成，方解石具菱面体、近等轴粒状和他形粒状等形态，粒径 0.15~1.8*mm*，部分晶体的双晶纹受力明显弯曲。黑色的隐晶状碳质集合体分布在方解石的晶体内或晶体粒间。岩石具粒径和成分差异的渐变纹层（照片 7-11-1）。方解石晶体彼此紧密镶嵌，局部具 120°的三边稳定态结构，长轴明显定向（照片 7-11-2）。

照片 7-12　JjsB-7

深灰色含碳质绢云母千枚岩：深灰色，鳞片粒状变晶结构，千枚状构造。岩石由变晶矿物石英、绢云母和碳质残余物等组成。岩石中发育细小石英岩脉体，脉体多沿千枚理分布，脉体的边缘较截然。

照片 7-13　Jjsb-7（正交）

含碳质绢云母千枚岩：鳞片粒状变晶结构，千枚状构造。岩石由变晶矿物石英（Q 24%）、绢云母（Ser 62%）和碳质残余物（6%）等组成。绢云母鳞片的长轴以 0.025~0.03mm 为主；石英多为棱边平直的近等轴粒状和矩形长条状，长轴 0.02~0.08mm，绢云母和石英的长轴明显定向构成千枚理，质点状碳质均匀分布在绢云母和石英的晶体内或晶体粒间。矿化石英岩脉体（照片右侧）的宽度以 0.1~0.5mm 为主，脉体多沿千枚理分布，脉体的边缘较截然。

第八章　红柱石矿

第一节　矿种介绍

红柱石（andalusite）是一种铝硅酸盐矿物，常见于泥质岩和侵入体的接触带，是典型的接触热变质矿物，颜色为粉红色、红色、紫色、绿色、红褐色、灰白色，灰黄色及浅绿色，具有玻璃光泽，柱面解理中等。摩斯硬度 6.5~7.5，比重 3.15~3.16。

红柱石具有物化性能，是已知的优质耐火材料之一。它除用作冶炼工业的高级耐火材料，技术陶瓷工业的原料以外，还可冶炼高强度轻质硅铝合金，制作金属纤维以及超音速飞机和宇宙飞船的导向型，一部分结晶良好、色泽鲜艳的也可制作工艺品和装饰品，质量好且透明的红柱石晶体还被当作宝石。国外还利用铝红柱石进行煤的气化，制作雷达天线罩。在世界上，包括红柱石在内的非金属的产值与金属矿产值的比值已成为衡量国家发达程度的标准之一。随着人类生活水平的不断提高，人们对红柱石矿床的需求将持续增长，目前红柱石在中国属紧缺产品，甘肃省冶金工业需求量也在不断增加。

甘肃漳县马路里红柱石矿属探明资源量世界第四、国内第一的大型矿床，远景资源量达 1 亿多吨。

第二节　热液蚀变型红柱石矿床

——漳县马路里红柱石矿

一、矿区地质特征

矿床处于华北板块北秦岭加里东褶皱带当川褶皱带与华南板块西秦岭华力西——印支褶皱带的交会处的中秦岭一侧，矿区地层为上下二叠统。印支期黑云母二长花岗岩岩体的侵入，使下二叠统普遍发生热接触变质作用，沿岩体周围形成了1~1.5km绵延数十千米的接触变质带，在岩体的北部及东部接触带中，形成红柱石石英角岩、红柱石角岩、黑云母石英角岩及大理岩，并见有条纹状透辉石角岩，在东部胭脂沟见有少量矽卡岩化大理岩，沿红柱石角岩接触变质带，部分地段形成具有一定规模的红柱石矿体。马路里矿区即位于岩体北部接触变质带内。

二、矿体特征

矿区地层二叠纪下统 d 组，由上段和下段构成，上段为矿体的直接顶板，岩性为灰白色－白色大理岩，含矿层为下段第九岩性层，岩性为一套斑状红柱石角岩、细粒状红柱石角岩夹碳质、钙质板岩及大理岩透镜体。矿区见细晶岩脉及花岗岩细脉，矿区构造总体呈以近东西向延伸的层状单斜构造及节理裂隙发育为特征（图8-1）。

矿体沿走向延伸大于1400m，沿倾向延深长度大于200m，含矿平均厚度134.5m，沿走向局部变厚变薄。矿体呈层状、似层状，沿走向局部地段有膨大、缩

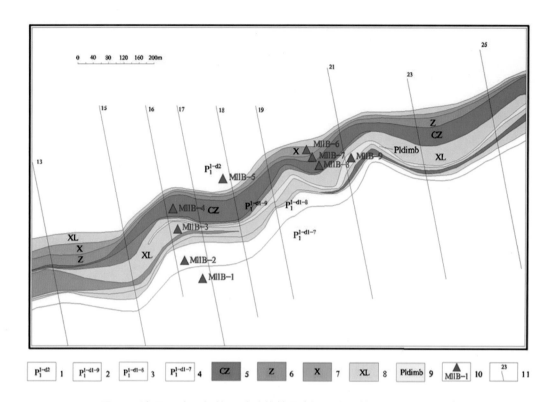

图 8-1 漳县马路里红柱石矿矿体简图（据闫启明等，2011，修改）

　　1—二叠系下统下部 *d* 组上段灰白色、白色结晶大理岩；2—二叠系下统下部 *d* 组下段第九岩性层深灰色红柱石角岩；3—二叠系下统下部 *d* 组下段第八岩性层灰白色条带状、团块状大理岩及结晶大理岩；4—二叠系下统下部 *d* 组下段第七岩性层深灰色细粒红柱石角岩；5—粗中斑状红柱石角岩；6—中斑状红柱石角岩；7—细斑状红柱石角岩；8—细粒红柱石角岩；9—斜长透辉大理岩；10—标本采集位置及编号；11—勘探线。

　　小或尖灭，沿倾向方向，矿体厚度变化较稳定。根据矿体空间位置及其与围岩的接触关系，全矿区共圈出 2 个矿体，Ⅰ号矿体为主矿体，其走向长度 1257m，平均厚度 41.07m，Ⅱ号矿体位于Ⅰ号矿体下部，呈透镜状，分布在 13 勘探线位置，厚度最大为 42.77m，向东在 17~19 勘探线间尖灭。矿体产状与围岩一致，倾向在 320°~355° 之间，倾角在 39°~65° 之间。由于地表矿体破碎，不同程度地向地形坡向垮落，致使地表矿体倾角变缓，深部矿体倾角一般在 50°~60°。

三、矿石特征

　　矿石类型为粗中斑状红柱石角岩型、中斑状红柱石角岩型。矿体规模大，矿体厚度和形态变化较小，矿石化学成分、矿物成分及结构构造较稳定单一，矿石中

SiO_2 和 Al_2O_3 含量在不同样品之间变化不大，且微量元素较低。矿石平均品位为 20.34%，高于国内该类矿床工业品位一般要求（≥15%）。从我国红柱石矿床主要工业指标对比可以看出，漳县红柱石矿的品位最好。

四、矿床成因

成因类型属热液蚀变型矿床。

五、标本采集简述

漳县马路里红柱石矿区共采集岩矿石标本9块（表8-1）。其中矿石标本3块，岩石标本6块，矿石标本岩性为深灰色含碳红柱石黑云母角岩、深灰色含碳黑云母红柱石角岩、深灰色黑云母红柱石角岩；岩石标本岩性为灰黑色含碳堇青石绢云母千枚岩、浅灰色大理岩、灰色含透辉石阳起石长英质角岩、灰色含泥碳质粉晶灰岩、红褐色含铁白云石化亮晶粒屑灰岩、红褐色含铁珊瑚灰岩。本次采集的标本基本覆盖了马路里红柱石矿不同类型的矿石、岩石，较全面地反映了秦岭地区热液蚀变型红柱石矿床的地质特征。

表8-1 马路里红柱石矿采集典型标本

序号	标本编号	标本岩性	标本类型	薄片编号
1	MllB-1	深灰色含碳红柱石黑云母角岩	矿石	Mllb-1
2	MllB-2	深灰色含碳黑云母红柱石角岩	矿石	Mllb-2
3	MllB-3	灰黑色含碳堇青石绢云母千枚岩	围岩	Mllb-3
4	MllB-4	浅灰色大理岩	围岩	Mllb-4
5	MllB-5	灰色含透辉石阳起石长英质角岩	围岩	Mllb-5
6	MllB-6	灰色含泥碳质粉晶灰岩	围岩	Mllb-6
7	MllB-7	深灰色黑云母红柱石角岩	矿石	Mllb-7
8	MllB-8	红褐色含铁白云石化亮晶粒屑灰岩	围岩	Mllb-8
9	MllB-9	红褐色含铁珊瑚灰岩	围岩	Mllb-9

六、岩矿石标本及光薄片照片说明

照片 8-1　MⅡB-1

　　深灰色含碳红柱石黑云母角岩：深灰色，变斑晶结构，基质鳞片柱粒状变晶结构，略显定向构造。岩石由红柱石、黑云母、长英质矿物和碳质残余组成。变斑晶红柱石为棱边平直的短柱状，斜切面近菱形，横断面近方形。基质红柱石为细微杆状，富含碳质包裹物而浑浊。黑云母和长英质矿物的长轴定向性明显。

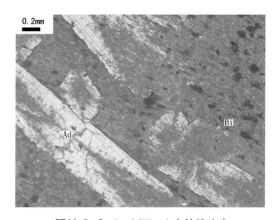

照片 8-2-1　MⅡb-1（单偏光）

照片 8-2-2　MⅡb-1（正交）

　　含碳红柱石黑云母角岩：变斑晶结构，基质鳞片柱粒状变晶结构，略显定向构造。红柱石（Ad 36%）、黑云母（Bi 38%）、长英质矿物（20%）和碳质残余为岩石主要组分。变斑晶红柱石为棱边平直的短柱状，斜切面近菱形，横断面近方形（照片 8-2-1），纵切面具一组解理，横切面两组近于直交解理，中正突起，一级黄白干涉色（照片 8-2-2），晶体内富含以碳质为主的暗色包裹物，包裹物在横切面上呈对角线十字形分布，柱状切面中沿柱面带状分布。基质红柱石为细微柱状，富含碳质包裹物而浑浊。各类红柱石的长轴均无定向性。黑云母鳞片的切面不规则，红褐色；长英质矿物的粒径小于 0.04mm，同时富含碳质包裹物，黑云母和长英质矿物的长轴显定向。

照片 8-3　MIIB-2

深灰色含碳黑云母红柱石角岩：深灰色，变斑晶结构，基质角岩结构，块状构造。岩石由红柱石、黑云母、斜长石和碳质残余物等组成。红柱石为粒径粗大的变斑晶，以棱边平直的短柱状为主。各类组分基本均匀分布。

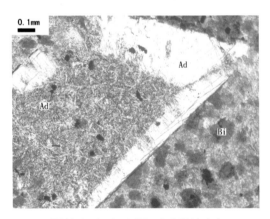

照片 8-4-1　MIIb-2（单偏光）

照片 8-4-1　MIIb-2（正交）

含碳黑云母红柱石角岩：变斑晶结构，基质角岩结构，块状构造。岩石由红柱石（*Ad* 38%）、黑云母（*Bi* 32%）、斜长石（*Pl* 24%）和碳质残余物等组成。红柱石为粒径粗大的变斑晶，以棱边平直的短柱状为主，斜切面近菱形（照片 8-4-1），横断面上富含呈对角线十字形分布的包裹物。黑云母鳞片的切面不规则，红褐色。斜长石近粒状和短柱状，富含碳质包裹物晶面较浑浊（照片8-4-2），隐隐可见聚片双晶纹。各类组分基本均匀分布，彼此稳定共生，长轴基本无定向。

照片 8-5　MIIB-3

灰黑色含碳董青石绢云母千枚岩：灰黑色，变斑晶结构，基质微鳞片变晶结构，千枚状构造。岩石组成包括隐晶状碳质和变晶矿物董青石、绢云母、黑云母等。

 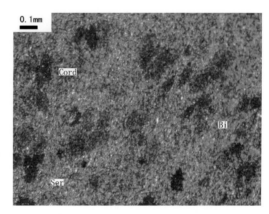

照片 8-6-1　MIIb-3（单偏光）　　　照片 8-6-2　MIIb-3（单偏光）

含碳董青石绢云母千枚岩：变斑晶结构，基质微鳞片变晶结构，不完全千枚状构造。岩石组成包括隐晶状碳质和变晶矿物董青石（Cord 38%）、绢云母（Ser 50%）、黑云母（Bi 5%）等。董青石变斑晶以他形粒状为主，切面多近卵状，晶体内富含质点状碳质包裹物，晶面多浑浊（照片 8-6-1），柱面平行消光，一级干涉色（照片 8-6-2）。基质矿物的长轴多在 0.015~0.035mm 间，绢云母常构成致密状集合体；黑云母为浅红褐色的细微雏晶。变晶矿物彼此稳定共生，长轴或集合体长轴略显定向，具不完全千枚理。

照片 8-7　MⅡB-4

　　浅灰色大理岩：粒状变晶结构，块状构造。岩石组分为变晶方解石，方解石主要为棱边平直的近等轴粒状和糖粒状。大小不等的方解石晶体彼此紧密镶嵌。

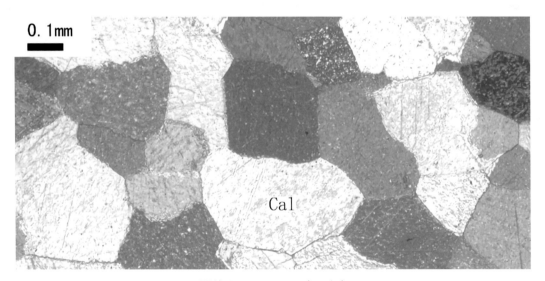

照片 8-8　MⅡb-4（正交）

　　大理岩：粒状变晶结构，块状构造。单一变晶方解石（*Cal*）为棱边平直的近等轴粒状和糖粒状，粒径 0.05~0.5*mm*，晶面亮净。大小不等的方解石晶体彼此紧密镶嵌，接触面以平直的120°三边稳定态结构为主，长轴无定向性。

照片 8-9 MIIB-5

　　灰色含透辉石阳起石长英质角岩：灰色，变斑晶结构，基质角岩结构，不规则团块状构造。岩石由变晶矿物透辉石、阳起石、长英质矿物和碳质残余等组成。各类矿物的杂乱分布。

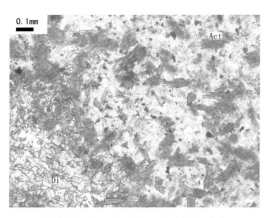

照片 8-10-1 MIIb-5（单偏光）

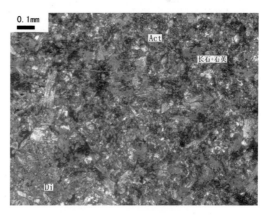

照片 8-10-2 MIIb-5（正交）

　　含透辉石阳起石长英质角岩：变斑晶结构，基质角岩结构，不规则团块状构造。变晶透辉石（Di 5%）、阳起石（Act 25%）、长英质矿物（63%）和碳质残余等为岩石组分。透辉石和阳起石属变斑晶，透辉石短柱状，横断面具多边形轮廓，包裹细粒的石英和阳起石等，具两组近于直交的辉石式解理；阳起石短柱状和杆状，浅绿－黄绿色（照片 8-10-1），杆状晶体具竹节状解理。长英质矿物为 0.015~0.045mm 的细小微粒状（照片 8-10-2），富含碳质包裹物。岩石具成分差异的渐变团块，碳质主要分布在长英质矿物富集的团块中。各类矿物的长轴杂乱分布无定向。

照片 8-11　MIIB-6

灰色含泥碳质粉晶灰岩：灰色，粉晶结构，略显定向构造。岩石被粒径粗大的脉体方解石集合体切割成大小不等的较暗色条带或团块。方解石以近等轴粒状为主，粒径细小，大小不等的方解石晶体彼此紧密镶嵌，长轴略显定向性。

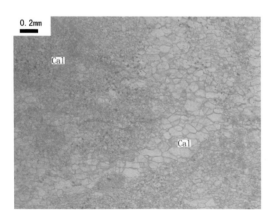

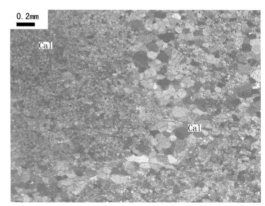

照片 8-12-1　MIIb-6（单偏光）　　　　　照片 8-12-1　MIIb-6（正交）

含泥碳质粉晶灰岩：粉晶结构，略显定向构造。岩石被粒径粗大且干净的方解石脉体（*Cal* 18%）切割成大小不等的较暗色条带或团块（照片 8-12-1）。原岩方解石（*Cal* 77%）以近等轴粒状为主，粒径多介于 0.03~0.05*mm* 的粉晶范畴，晶体内和晶体粒间含隐晶状泥碳质和金属矿物而色较深，大小不等的方解石晶体彼此紧密镶嵌，长轴略显定向性（照片 8-12-2）。

照片 8-13　MⅡB-7

深灰色黑云母红柱石角岩：深灰色，变斑晶结构，基质鳞片柱粒状变晶结构，略显定向构造。变斑晶红柱石多为棱边平直的短柱状，近方形横断面。基质红柱石为细小杆状，富含碳质包裹物而浑浊。

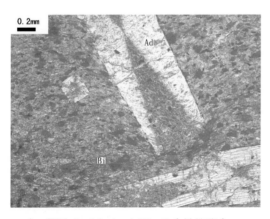

照片 8-14-1　MⅡb-7（单偏光）

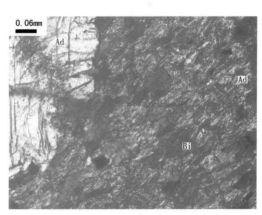

照片 8-14-2　MⅡb-7（正交）

黑云母红柱石角岩：变斑晶结构，基质鳞片柱粒状变晶结构，略显定向构造。变斑晶红柱石多为棱边平直的短柱状，近方形横断面，晶体内富含以碳质为主的包裹物，基质矿物集合体状绕过斑晶红柱石（照片 8-14-1），该红柱石的形成早于主变形期。基质红柱石为细小柱状，富含碳质包裹物而浑浊。红柱石（*Ad* 35%）的长轴均无定向性（照片 8-14-2）。红褐色黑云母（*Bi* 25%）的切面多不规则；长英质矿物（36% 照片中浅色）的粒径细小，因富含碳质包裹物而晶面较脏，种属不易确定。黑云母和长英质矿物的长轴略显定向。

照片 8-15　MⅡB-8

红褐色含铁白云石化亮晶粒屑灰岩：粒屑结构，交代结构，块状构造。岩石由生物屑、内碎屑、鲕粒等粒屑和胶结物方解石组成。粒屑的大小以 0.25~2.0mm 为主，生物屑包括棘皮类和珊瑚类；内碎屑的岩石类型以色较暗的泥微晶灰岩为主。胶结物为方解石。

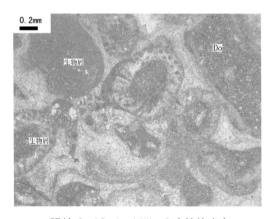

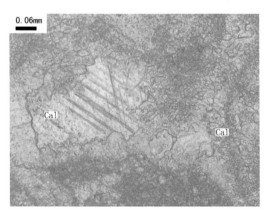

照片 8-16-1　MⅡb-8（单偏光）　　　　　照片 8-16-2　MⅡb-8（正交）

含铁白云石化亮晶粒屑灰岩：粒屑结构，交代结构，块状构造。岩石由生物屑、内碎屑、鲕粒等粒屑和胶结物方解石（Cal 40%）组成。粒屑的大小 0.25~2.0mm，生物屑包括棘皮类和珊瑚类；内碎屑的岩石类型以色较暗的泥微晶灰岩为主，边缘多圆滑。各类粒屑均匀分布，长轴无定向性（照片 8-16-1）。胶结物方解石具两个世代（照片 8-16-2），第一世代的方解石为长轴小于 0.05mm 的马牙状或栉壳状，长轴多垂直各类粒屑的边缘；第二世代的方解石为晶面亮净的近等轴粒状，粒径相对粗大，彼此紧密镶嵌。含铁白云石（Do）有先择性的交代部分粒屑，该含铁白云石以较自形的菱面体为主，略显褐色调。

照片 8-17　MⅡB-9

红褐色含铁珊瑚灰岩：生物骨架结构，块状构造。岩石组分以钙化的珊瑚骨架为主，其次为胶结物。珊瑚的形态完整，长轴明显定向，圆形横切面 2~6mm，长轴以 5~20mm 为主，隔板等内部组构清晰，隔壁具纤状结构，体腔内被亮晶方解石充填。胶结物包括方解石和隐晶状泥铁质等。

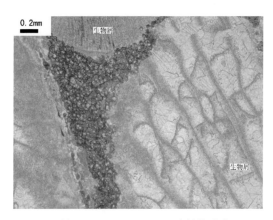

照片 8-18-1　MⅡb-9（单偏光）

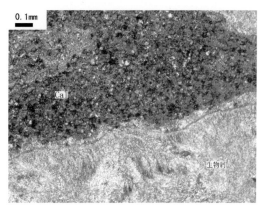

照片 8-18-2　MⅡb-9（正交）

含铁珊瑚灰岩：生物骨架结构，块状构造。岩石组分以钙化的珊瑚骨架（55%）为主，其次为胶结物。珊瑚的形态完整，长轴明显定向，圆形横切面 2~6mm，长轴以 5~20mm 为主，隔板等内部组构（照片 8-18-1）清晰，隔壁具纤状结构，体腔内被亮晶方解石充填，方解石的长轴介于 0.02~0.2mm 间。胶结物包括方解石和隐晶状泥铁质等，方解石为细小的他形微晶，晶体内和晶体粒间富含隐晶状泥铁质具褐色调，大小不等的方解石彼此紧密镶嵌，长轴无定向（照片8-18-2）。

第九章　重晶石矿

第一节　矿种介绍

重晶石是以硫酸钡为主要成分的非金属矿产品，成分为$BaSO_4$，化学性质稳定，不溶于水和盐酸，无磁性和毒性，晶体属正交（斜方）晶系的硫酸盐矿物。常呈厚板状或柱状晶体，多为致密块状或板状、粒状集合体，纯重晶石显白色、有光泽，由于杂质及混入物的影响也常呈灰色、浅红色、浅黄色等，结晶情况相当好的重晶石还可呈透明晶体出现。自然界分布最广的含钡矿物。钡可被锶完全类质同象代替，形成天青石；被铅部分替代，形成北投石（因产自台湾北投温泉而得名）。正交（斜方）晶系，晶体常成厚板状。纯净的重晶石透明无色，一般为白色、浅黄色，玻璃光泽，解理面呈珍珠光泽。具3个方向的完全和中等解理，莫氏硬度3~3.5，比重$4.5g/cm^3$。主要形成于中低温热液条件下。

重晶石矿主要成因类型有沉积变质型、热液型，但沉积变质型以大型为主，此类型重晶石矿的成矿时代自古元古代至中生代均有产出。其中，在长城纪、寒武纪、石炭纪内形成了工业矿床，分布在北山、龙首山、北祁连山一带。矿床规模有大有小、品位不一。代表性矿床有沉积变质型东风沟大型重晶石矿床、金临热液型小型重晶石矿床。

重晶石矿

热液型重晶石矿主要分布在北祁连山北部和北秦岭北部，其产地虽多，但储量甚少，多数为矿（化）点或与其他矿床伴（共）生，如宕昌金临重晶石矿、肃北双鹰山重晶石等，矿床规模均很小，工作程度甚低。分布于肃南县镜铁山桦树沟铁矿区（伴生）和文县东风沟重晶石矿区，全省保有储量 4 406.9 万吨，居全国第三位。小规模开采，镜铁山铁矿中的伴生重晶石尚未被利用，但前景较好。

　　甘肃省重晶石资源丰富，全省已发现重晶石矿产地 22 处，查明储量 4022 万吨，资源量 6 302.5 万吨。探明并列入矿产储量表 3 处，保有储量 37 500 万吨，保有储量居全国第四位，产地主要分布在河西地区的双鹰山及陇南地区文县等地。

第二节　沉积型重晶石矿床

——文县东风沟重晶石矿

一、成矿地质背景

矿床位于秦岭东西复杂构造带南缘、关家沟背斜北翼、范家坝临江大断裂临江段两侧，总体构造线自南而北呈北东转向东西向，重晶石矿正处在构造线方向转折处，区内构造复杂，褶皱、断裂发育。

二、矿区地质特征

矿区含矿地层为寒武统干沟组（$\in g$）。根据生物遗迹及岩石组合特征细分为3个岩性段：下岩段（$\in g^a$）为灰黑色薄层硅质岩夹深灰色薄–中层不纯灰岩、白云岩。中岩段（$\in g^b$）根据岩性特征细分为3个岩性层：第一岩性层为变质含硅质条带碳质粉砂岩，分布于矿体中部和西北部，为重晶石矿体的底板；第二岩性层为重晶石矿体；第三岩性层为黑灰色变质碳质粉砂岩，为重晶石矿体顶板。上岩段（$\in g^c$）为灰色条带状含碳粉砂岩夹粉砂质板岩及变质细砾岩。褶皱主体是关家沟背斜，断裂以东西向为主，北东向、北西向次之，均为成矿后期断裂，破坏了区内地层、岩石、褶皱构造的完整性，也改造了矿体的现存形态和出露位置。

侵入岩不太发育，仅见印支期黑云母二长花岗岩脉和英云闪长岩侵入地层中。

三、矿体特征

矿体赋存在下寒武统中岩段的上部，矿体有上下2部分，下部是块状重晶石矿，厚度约 50m，上部是纹带状重晶石矿夹团块重晶石矿、块状重晶石矿及变质重晶石碳质粉砂岩透镜，厚达 71m。

矿体呈似层状产出，沿北东向延伸，倾向南东，以 46°~85° 的倾角单斜产出，共圈出 1 个矿体，主要由灰色-深灰色重晶石组成，局部见黑灰色含重晶石粉砂岩，矿体延伸 203m，矿体厚 48.89~96.13m，平均厚度 76.10m，厚度稳定，最大延深 110m（图 9-1）。

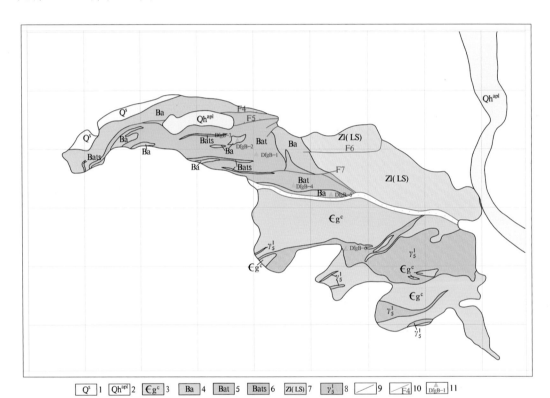

图 9-1 甘肃省文县东风沟重晶石矿矿区地质草图
（据东风沟重晶石矿普查评价报告附图，修改）

1—第四系人工堆积物；2—第四系冲洪积物：砂土、砾石、碎石及黄土；3—寒武纪干沟组上岩段：灰白色条带状变质含碳粉砂岩；4—灰-深灰色致密块状重晶石；5—褐黄团块状重晶石；6—深灰色-灰黑色薄中层状变质碳质粉砂岩；7—震旦系临江组：灰色中厚层-厚层状白云质灰岩、钙质白云岩、不纯白云岩；8—肉红色花岗岩；9—实测整合地质界线；10—实测压扭性断裂及编号；11—标本采集位置及编号。

四、矿石特征

矿石由碎屑和胶结物两部分组成，其中碎屑物含量约 90%，胶结物含量 10%，碎屑成分为重晶石，其含量为 70%~80%，岩屑含量约 20%~30%，成分为石英和岩屑，胶结物主要为泥质，另有少量泥晶状方解石和铁质。

矿石结构微细粒花岗变晶结构、微细粒变晶结构、团块或假鲕状结构。

矿石构造有块状构造、条带状构造、条带状团块状构造。

矿石类型：致密块状矿石、纹带状矿石、团块状矿石 3 类。

五、矿床成因

矿床成因属沉积型。

六、成矿模式

早寒武世钡以某种络合物从地表或地下径流伴随粉砂质、硅胶团（有时参杂一定量的钙离子及 HCO_3^- 离子），不经长途搬运被带到就近的浅海—滨海带，在多有机碳及硫有高浓度的氧化还原界面附近与硫酸根结合而沉淀。由于钡的惰性、$BaSO_4$ 快速沉淀和海水中硫的充裕等条件的限制，一定数量的钡不能到处乱跑，而只能近海小范围内与硫酸根结合生成重晶石下沉快速堆积形成重晶石矿床。

甘肃省文县东风沟式沉积变质型重晶石矿典型矿床成矿模式见图 9-2。

七、标本采集简述

文县东风沟重晶石矿区共采集岩矿石标本 6 块（表 9-1）。其中矿石标本 4 块，岩石标本 2 块，矿石标本岩性为黄褐色微糜棱岩化重晶石岩、灰黑色含碳质重晶石岩、深灰色白云石重晶石岩、灰色含碳质重晶石岩；岩石标本岩性为深灰色钙质胶结含碳粉砂岩、浅灰色中细粒黑云花岗闪长岩。本次采集的标本基本覆盖了东风沟重晶石矿不同类型的矿石、岩石，较全面地反映了秦岭地区沉积型重晶石矿的地质特征。

表 9-1 东风沟重晶石矿采集典型标本

序号	标本编号	标本岩性	标本类型	薄片编号
1	DfgB-1	黄褐色微糜棱岩化重晶石岩	矿石	Dfgb-1
2	DfgB-2	灰黑色含碳质重晶石岩	矿石	Dfgb-2
3	DfgB-3	深灰色钙质胶结含碳粉砂岩	围岩	Dfgb-3
4	DfgB-4	深灰色白云石重晶石岩	矿石	Dfgb-4
5	DfgB-5	灰色含碳质重晶石岩	矿石	Dfgb-5
6	DfgB-6	浅灰色中细粒黑云花岗闪长岩	脉岩	Dfgb-6

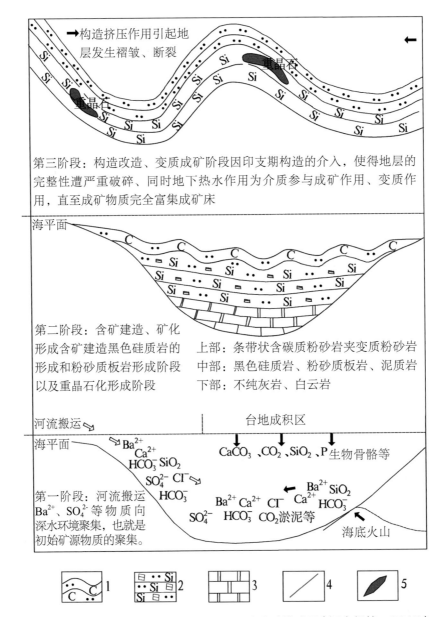

图 9-2　文县东风沟式沉积变质型重晶石矿成矿模式图（据余超等，2017）

1—含炭质粉砂岩；2—硅质岩、粉砂岩；3—白云岩；4—断层；5—矿体。

八、岩矿石标本及光薄片照片说明

照片 9-1　DfgB-1

黄褐色微糜棱岩化重晶石岩：风化面为黄褐色新鲜面为灰色，微糜棱结构，柱粒状结构，定向构造。岩石由重晶石、方解石和微量碳质组成。

照片 9-2　Dfgb-1（正交）

微糜棱岩化重晶石岩：微糜棱结构，柱粒状结构，定向构造。岩石由重晶石（Bar 96%）、方解石（Cal 3%）和微量碳质组成。受轻微韧性变形，大部分重晶石微破碎细粒化，晶体边缘往往具一圈连续程度不一的串珠状细粒组分，棱边多较圆滑，个别近眼球状，粒径 0.04~0.25mm，正中突起，具两组近于直交的解理，一级干涉色，平行消光。大小不等的重晶石彼此紧密镶嵌，长轴明显定向。方解石为 0.05~0.5mm 的不规则粒状，双晶纹明显弯曲，星点状分布。

照片 9-3　DfgB-2

　　灰黑色含碳质重晶石岩：灰黑色，柱粒状结构，微纹层构造。岩石组分为重晶石、方解石和碳质等。黑色的隐晶状碳质多富集成渐变微纹层，不规则粒状方解石主要分布在碳质的富集纹层中。

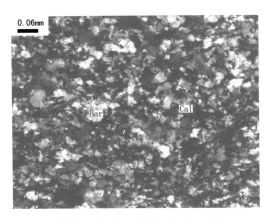

照片 9-4-1　Dfgb-2（正交）

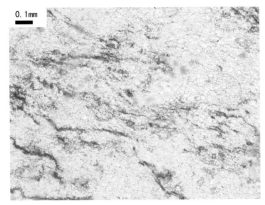

照片 9-4-2　Dfgb-2（单偏光）

　　含碳质重晶石岩：柱粒状结构，不连续微纹层构造。岩石组分为重晶石（*Bar* 91%）、方解石（*Cal* 4%）和碳质（5%）等。重晶石以他形粒状为主，部分具短柱状轮廓，粒径 0.03~0.3*mm*，晶体内富含碳质包裹物，干涉色明显成斑块状，彼此的接触面多凹凸不平，长轴略显定向（照片9-4-1）。黑色的隐晶状碳质多富集成 0.015~0.04*mm* 宽的渐变微纹层（照片9-4-2），不规则粒状方解石主要分布在碳质的富集纹层中。

照片 9-5　DfgB-3

深灰色钙质胶结含碳粉砂岩：粉砂结构，块状构造。碎屑物包括石英、白云母和斜长石等，分选和磨圆较好，粒径细小，粒状碎屑物主要为次棱角状－圆状。填隙物为泥碳质；胶结物钙质。

照片 9-6　Dfgb-3（正交）

钙质胶结含碳粉砂岩：灰黑色，粉砂结构，近块状构造。碎屑物包括石英（Q 52%）、白云母（Mu 3%）和斜长石等，分选和磨圆较好，粒径以 0.02~0.05mm 为主，粒状碎屑物主要为次棱角状－圆状。石英碎屑消光不均匀；白云母撕裂成长条状。填隙物中泥碳质杂基含量高达 8%，岩石的透光性较差；胶结物钙质方解石（Cal 26%）的粒径在 0.015~0.1mm 间。重晶石（Bar）方解石脉体宽 0.1~1.0mm，脉体的延伸略显弯曲，脉体边缘局部渐变，具交代成因特征。

照片 9-7　DfgB-4

　　深灰色白云石重晶石岩：深灰色，粒状结构，定向构造。岩石由重晶石、白云石和碳质组成。重晶石以近等轴他形粒状为主。

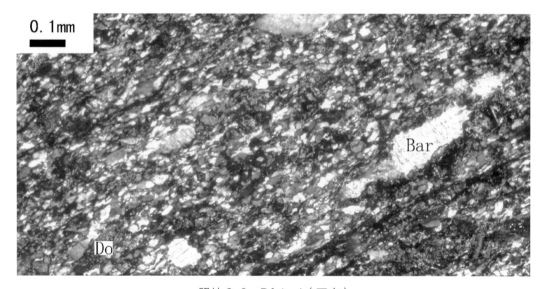

照片 9-8　Dfgb-4（正交）

　　白云石重晶石岩：柱粒状结构，定向构造。重晶石（*Bar* 75%）、白云石（*Do* 20%）和碳质（2%）为岩石组分。重晶石以近等轴他形粒状为主，相对粗大的晶体具短柱状轮廓，粒径 0.02~0.3*mm*，粗大晶体中两组近于直交解理较清晰，并明显波带状消光。白云石从棱边平直的菱面体到他形粒状均有，自形晶体的切面近菱形，晶体内富含质点状碳质包裹物而晶面较脏。大小不等的重晶石和白云石基本均匀分布，彼此的接触面从平直到凹凸状均有，长轴明显定向。

照片 9-9　DfgB-5

灰色含碳质重晶石岩：柱粒状结构，不连续纹层构造。岩石由重晶石、方解石、碳质和碎屑物白云母等组成。重晶石主要为他形粒状，部分晶体具短柱状轮廓，粒径细小。大部分碳质富集成渐变纹层，方解石和碎屑物白云母主要分布在碳质的富集纹层中，方解石以不规则粒状为主。

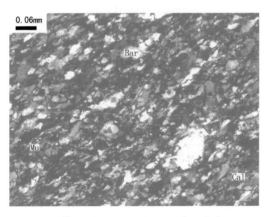

照片 9-10-1　Dfgb-5（正交）

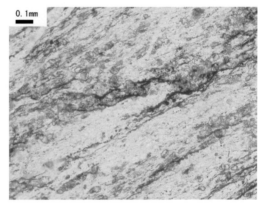

照片 9-10-2　Dfgb-5（单偏光）

含碳质重晶石岩：柱粒状结构，不连续纹层构造。岩石由重晶石（*Bar* 90%）、方解石（*Cal* 4%）、碳质（5%）和碎屑物白云母（*Mu* 1%）等组成。重晶石主要为它形粒状，部分晶体具短柱状轮廓，粒径 0.02~0.25*mm*，个别晶体的干涉色斑块状，重晶石彼此以凹凸不平的接触面紧密镶嵌，长轴明显定向（照片 9-10-1）。大部分碳质富集成 0.015~0.5*mm* 宽的渐变纹层（照片 9-10-1），方解石和碎屑物白云母主要分布在碳质的富集纹层中，方解石以不规则粒状为主，白云母撕裂成长条状。

照片 9-11　DfgB-6

　　浅灰色中细粒黑云花岗闪长岩：浅灰色，花岗结构，块状构造。造岩矿物主要为斜长石50%、钾长石18%、石英25%和黑云母6%等，粒径0.2~3.0*mm*，大小连续。长石为自形程度差异的宽板状、短柱状和近粒状，斜长石的自形程度高于钾长石，强绢-白云母和帘石化；钾长石属微斜条纹长石，强黏土化。石英为不规则粒状。黑云母鳞片状。

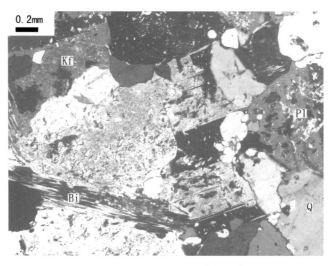

照片 9-12　Dfgb-6（正交）

　　中细粒黑云花岗闪长岩：花岗结构，块状构造。造岩矿物为斜长石（*Pl* 50%）、钾长石（*Kf* 18%）、石英（*Q* 25%）和黑云母（*Bi* 6%）等，粒径0.2~3.0*mm*，大小连续。长石为自形程度差异的宽板状、短柱状和近粒状，斜长石的自形程度高于钾长石，斜长石具卡式双晶和双晶纹细密的聚片双晶，强绢-白云母和帘石化，晶面普遍较脏；钾长石属微斜条纹长石，细脉状和点滴状客晶钠长石条纹在不同的晶体中含量有差异，强黏土化。石英一般为不规则粒状，部分晶体近等轴粒状和糖粒状，包裹细粒长石。黑云母鳞片轻微弯曲，褪色白云母化和强绿泥石、绿帘石化。

第十章　玉石矿

第一节 矿种介绍

蛇纹岩一般呈暗灰绿色、黑绿色或黄绿色，色泽不均匀，质软、具滑感。常见为隐晶质结构，镜下见显微鳞片变晶或显微纤维变晶结构，致密块状或带状、交代角砾状等构造。矿物成分比较简单，主要由各种蛇纹石组成。硬度为 2.5~3.5，密度 2.5~2.62g/cm³，具壳状或参差状断口。

其化学式为 $Mg_6[Si_4O_{10}](OH)_8$，其中 w（MgO）=43.6%，w（SiO_2）=43.3%，w（H_2O）=13.1%，有时混入少量的 FeO、Fe_2O_3、NiO 等成分。矿物学中把蛇纹石作为蛇纹石族矿物的总称，这族矿物包括利蛇纹石、叶蛇纹石、纤蛇纹石（即蛇纹石石棉）等。

蛇纹岩是一种良好的化肥配料。蛇纹岩是重要的冶金工业、化学工业原料，由于纹理变化多，漂亮的蛇纹岩石也常被选做观赏石，武山鸳鸯蛇纹岩玉、肃南县老君庙蛇纹岩玉就是甘肃省观赏石种之一。

甘肃省的超基性岩发育，大部分已蛇纹岩化，部分已完全变成蛇纹岩。颜色鲜艳美观的蛇纹岩，是制作建筑板材和工艺美术的原料。鸳鸯镇蛇纹岩被命名为"鸳鸯玉"或"年轻玉"，累计探明储量 702 万立方米，其中工业储量（B+C 级）486.8 万立方米，居全国第一位，已经开发利用。老君庙蛇纹岩被命名为"祁连彩玉"，并根据矿石工艺类型划分为祁连彩玉五等级。

第二节　矿床介绍

一、受变质作用的沉积变质型玉矿床——瓜州县玉石山石英岩玉矿

1. 矿床地质特征

矿床处于塔里木地台东部，矿区地层主要为蓟县纪平头山群（Jxp），岩性为石英岩、白云质灰岩、板岩、泥灰岩。矿区断裂为玉石山断裂，褶皱不发育。矿区岩浆活动不强烈，沿红柳河断裂产出超基性岩体。围岩蚀变主要为硅化、角岩化、褐铁矿化。

2. 矿体特征

矿体产于平头山群地层内，共圈出5条矿体，各矿体特征如下：

1号矿体位于矿区的西部，东西长大于850m，南北宽420m，走向85°~95°，矿体为层状，单层厚度20~30cm，夹方解石脉和白云岩。主要为白色，少量为灰色和青灰色，矿石颜色纯正均一，色斑、色线不发育，局部沿原生节理发育色带。

2号矿体位于矿区的中北部，大致与1号矿体平行，东西长大于4350m，南北宽270m。矿石颜色以红色为主，少量白色和青灰色，节理裂隙率较低，色斑、色线不发育。

3号矿体走向与1号矿体基本一致，矿体长4780m，宽510m。矿石颜色以黑色和白色为主，节理裂隙率中等，色斑、色线不发育。

4号矿体位于矿区中南部，矿体形态、走向与1号矿体走向基本一致，矿体长2180m，宽680m。矿石颜色以紫色为主，少量白色和红色，裂隙率低，色斑、色

线不发育。

5 号矿体位于矿区南部，近东西走向，矿体长 2430m，宽 550m。矿石颜色以青灰色、白色为主，少量斑杂状石英岩，节理、裂隙率发育中等，色斑、色线发育低。

3. 矿石特征

根据矿石不同颜色将矿石划分为 5 种类型：白色石英岩（白玉）、红色石英岩（红玉）、斑杂石英岩（梅花玉）、紫色石英岩（紫罗兰玉）、青灰色石英岩（象牙玉－青白玉）。

4. 矿床成因

成因类型属受变质作用的沉积变质石英岩。

5. 标本采集简述

玉石山石英岩玉矿区共采集岩矿石标本 10 块（表 10-1）。其中矿石标本 5 块，岩石标本 5 块，矿石标本岩性为白色白云石石英岩、淡粉红色白云石石英岩、粉红色白云石石英岩、红色白云石石英岩、条带状白云石石英岩；岩石标本岩性为浅灰绿色蛇纹石大理岩、绿色蛇纹石大理岩、红褐色白云石大理岩、灰绿色强蚀变细粒闪长岩、灰色白云母石英片岩。本次采集的标本基本覆盖了玉石山石英岩玉矿不同类型的矿石、岩石，较全面地反映了北山地区受变质作用的沉积变质型石英岩玉矿的地质特征。

表 10-1 玉石山石英岩玉矿采集典型标本

序号	标本编号	标本岩性	标本类型	光片编号
1	YssB-1	白色白云石石英岩	矿石	Yssb-1
2	YssB-2	淡粉红色白云石石英岩	矿石	Yssb-2
3	YssB-3	粉红色白云石石英岩	矿石	Yssb-3
4	YssB-4	浅灰绿色蛇纹石大理岩	围岩	Yssb-4
5	YssB-5	绿色蛇纹石大理岩	围岩	Yssb-5
6	YssB-6	红色白云石石英岩	矿石	Yssb-6
7	YssB-7	红褐色白云石大理岩	围岩	Yssb-7
8	YssB-8	条带状白云石石英岩	矿石	Yssb-8
9	YssB-9	灰绿色强蚀变细粒闪长岩	围岩	Yssb-9
10	YssB-10	灰色白云母石英片岩	围岩	Yssb-10

6.岩矿石标本及光薄片照片说明

照片 10-1　YssB-1

白色白云石石英岩：粒状变晶结构，略显定向构造。岩石组分主要为石英和少量的白云石，石英受力略显定向拉长，部分晶体边缘轻微细粒化，棱边多为不规则的锯齿状，以近等轴粒状和长条状为主。

照片 10-2　Yssb-1（正交）

白色白云石石英岩：粒状变晶结构，略显定向构造。岩石组分为石英（Q 60%）和白云石（Do 40%），石英略显定向拉长，个别晶体边缘轻微细粒化，棱边多为不规则的锯齿状，以近等轴粒状和长条状为主，粒径 0.1~0.5mm，条带状消光，消光影多平行晶体的长轴。白云石以近等轴粒状和他形粒状为主，个别近菱面体状，粒径 0.03~0.35mm。石英和白云石基本均匀分布，彼此的接触面从平直到凹凸状均有，长轴略显定向。

照片 10-3　YssB-2

　　淡粉红色白云石石英岩：淡粉红色，粒状变晶结构，定向构造。岩石组分为石英和白云石，油脂光泽，断口较平直。

照片 10-4　Yssb-2（正交）

　　淡粉红色白云石石英岩：粒状变晶结构，定向构造。岩石组分为石英（Q 62%）和白云石（Do 38%），石英受力略显定向拉长并轻微破碎细粒化，个别晶体边缘具不连续的串珠状细粒组分，粒径 $0.07\sim0.6mm$，晶体内含有微量尘埃状的铁锰质而具淡粉红色调，强烈云团状和条带状消光。白云石近等轴粒状和他形粒状，粒径 $0.03\sim0.4mm$，个别晶体包裹细粒石英。石英和白云石彼此紧密镶嵌，接触面多凹凸状，长轴定向明显。

照片 10-5　YssB-3

　　粉红色白云石石英岩：粉红色，粒状变晶结构，渐变条带状构造。岩石主要由石英和白云石组成该岩石。石英和白云石分布不均匀，构成具成分差异的渐变条带，该条带横向不连续。

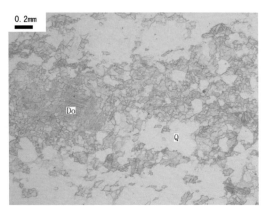

照片 10-6-1　Yssb-3（正交）　　　　　照片 10-6-1　Yssb-3（正交）

　　粉红色白云石石英岩：粒状变晶结构，渐变条带状构造。石英（Q 63%）和白云石（Do 37%）组成该岩石。石英定向拉长并细粒化，部分晶体边缘具不连续的串珠状细粒组分（照片 10-6-1），晶体棱边多为锯齿状，以长宽比值存在差异的长条状和他形粒状为主，长轴 0.05~0.6mm，波带状消光影多平行扫过晶体的长轴，晶体内含尘埃状的铁锰质而具粉红色调。白云石往往分布在石英晶体的空隙中，受分布空间的限制多为近等轴他形粒状和不规则他形粒状，粒径 0.03~0.4mm。石英和白云石分布不均匀，构成具成分差异的渐变条带，该条带横向不连续（照片 10-6-2）。

照片 10-7　YssB-4

　　浅灰绿色蛇纹石大理岩：浅灰绿色，叶片状、粒状变晶结构，渐变条带 – 团块状构造。岩石由蛇纹石和方解石组成。方解石无平直连续的棱边，晶体轮廓多较模糊，大部分晶体以凹凸状的接触面彼此紧密镶嵌。蛇纹石在岩石中分布不均匀，构成具成分差异的渐变条带或团块。

照片 10-8-1　Yssb-4（正交）

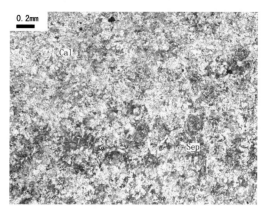

照片 10-8-2　Yssb-4（正交）

　　蛇纹石大理岩：叶片状、粒状变晶结构，渐变条带 – 团块状构造。岩石由蛇纹石（*Sep* 35%）和方解石（*Cal* 65%）组成，蛇纹石以叶片状为主，切面近长条状，长轴 0.03~0.15*mm*，负低突起，一级灰白干涉色，大部分蛇纹石沿方解石的菱形解理穿插分布（照片 10-8-1）。方解石无平直连续的棱边，晶体轮廓多较模糊，依据统一的消光位以他形粒状为主，粒径 0.05~0.5*mm*，大部分晶体以凹凸状的接触面彼此紧密镶嵌。蛇纹石在岩石中分布不均匀，构成具成分差异的渐变条带或团块（照片 10-8-2）。

照片 10-9　YssB-5

绿色蛇纹石大理岩：鳞片状、纤维粒状变晶结构，渐变条带－团块状构造。岩石组分包括蛇纹石和方解石。方解石和蛇纹石集合体分布不均匀，构成具成分或结构差异的渐变条带或团块。

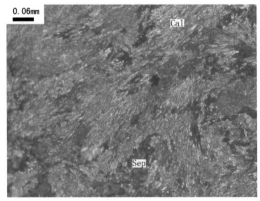

照片 10-10-1　Yssb-5（正交）　　　　　照片 10-10-2　Yssb-5（正交）

蛇纹石大理岩：鳞片状、纤维粒状变晶结构，渐变条带－团块状构造。岩石组分包括蛇纹石（*Sep* 40%）和方解石（*Cal* 60%）。蛇纹石为 0.05~0.8*mm* 大小的鳞片状集合体，该集合体的边缘多截然，并具一定轮廓的多边形假象（照片 10-10-1），推测应为交代其他矿物的产物；部分蛇纹石集合体的边缘弥散状渐变，高含量区往往彼此衔接。方解石为粒状和纤维状（照片 10-10-2），粒状方解石为近等轴粒状和他形粒状，粒径 0.05~0.2*mm*；纤维状者长轴 0.05~0.35*mm*，形成放射状或扇状集合体。大小不等、形态不同的方解石和蛇纹石集合体分布不均匀，构成具成分或结构差异的渐变条带或团块。

照片 10-11　YssB-6

　　红色白云石石英岩：红色，粒状变晶结构，渐变条带状构造。岩石石英和白云石组成。石英受力定向拉长并细粒化，棱边多锯齿状。白云石多分布在石英晶体的空隙中，受分布空间限制以近等轴粒状和他形粒状为主。石英和白云石分布不均匀，具成分差异的渐变不连续条带。

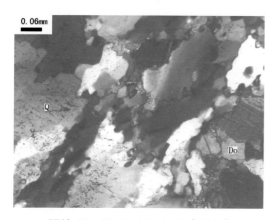

照片 10-12-1　Yssb-6（正交）

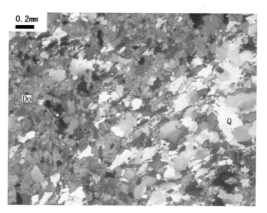

照片 10-12-2　Yssb-6（正交）

　　红色白云石石英岩：粒状变晶结构，渐变条带状构造。变晶石英（Q 65%）和白云石（Do 35%）组成该岩石。石英受力定向拉长并细粒化，棱边多锯齿状，部分晶体边缘具不连续的串珠状细粒组分，晶体多具长条状轮廓，少量他形粒状，长轴 0.05~0.6mm，明显波带状消光，大部分晶体内和晶体粒间富含尘埃状的铁锰质（照片 10-12-1）。白云石多分布在石英晶体的空隙中，受分布空间限制以 0.03~0.35mm 的近等轴粒状和他形粒状为主。石英和白云石分布不均匀，具成分差异的渐变条带（照片 10-12-2），该条带横向不连续。

照片 10-13　YssB-7

　　红褐色白云石大理岩：红褐色，粒状变晶结构，块状构造。岩石成分为白云石，白云石以棱边较平直的近等轴粒状为主，少量他形粒状。大小不等的白云石以复杂的接触面紧密镶嵌。岩石局部被硅化石英交代，石英成团块状或断续脉状集合体，集合体的边缘渐变。

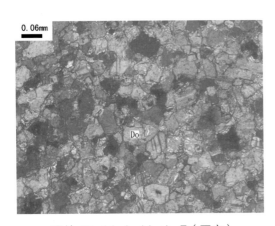

照片 10-14-1　Yssb-7（正交）

照片 10-14-1　Yssb-7（正交）

　　红褐色白云石大理岩：粒状变晶结构，块状构造。单一的变晶矿物白云石（Do）以棱边较平直的近等轴粒状（照片 10-14-1）为主，少量他形粒状，粒径 0.04~0.12mm，晶体内和晶体粒间包含或多或少的尘埃状铁锰质，晶面略脏。大小不等的白云石以复杂的接触面紧密镶嵌。岩石局部被硅化石英（Q）交代，石英成团块状或断续脉状集合体，集合体的边缘渐变（照片 10-14-2），具交代成因，石英的粒径 0.05~0.5mm，晶面多亮净。

照片 10-15 YssB-8

条带状白云石石英岩：浅灰色，粒状变晶结构，渐变条带状构造。岩石组分为石英、白云石和白云母等。岩石具成分差异的渐变条带，该条带的延伸与矿物长轴定向一致，横向较连续。

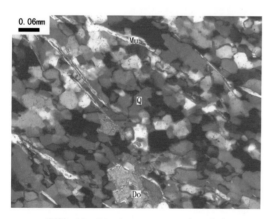

照片 10-16-1 Yssb-8（正交）

照片 10-16-2 Yssb-8（正交）

条带状白云石石英岩：粒状变晶结构，渐变条带状构造。岩石组分为变晶矿物石英（Q 66%）、白云石（Do 30%）和白云母（Mu 4%）等。石英的棱边多平直，以近等轴粒状为主，少量近长条状和他形粒状，粒径 0.04~0.3mm，消光不均匀。白云石多为他形粒状，少量晶体具菱面体轮廓，粒径 0.02~1.0mm，包裹细粒石英。白云母的切面为规则的细长条状（照片 10-16-1），长轴 0.1~0.35mm，多单晶体状分散分布，有的晶体微斜列，长轴与粒状矿物的棱边平行接触，各类矿物总体稳定共生，长轴明显定向。岩石具成分差异的渐变条带（照片 10-16-2），该条带的延伸与矿物长轴定向一致，横向较连续。

照片 10-17　YssB-9

　　灰绿色强蚀变细粒闪长岩：残余半自形粒柱状结构，块状构造。岩石由斜长石（60%）、暗色矿物和金属矿物等组成，次生蚀变强烈。斜长石为较自形的板条状和短柱状，程度不一的钠黝帘石化。暗色矿物被浅绿色的阳起石和绿帘石集合体完全代替。

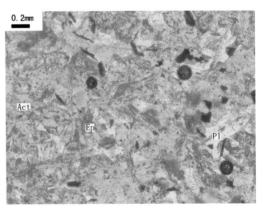

照片 10-18-1　Yssb-9（正交）　　　　　　照片 10-18-2　Yssb-9（单偏光）

　　强蚀变细粒闪长岩：残余半自形粒柱状结构，块状构造。该岩石由斜长石（*Pl* 57%）、暗色矿物和金属矿物等组成。斜长石的棱边多平直，为较自形的板条状和短柱状，长轴 0.05~1.0*mm*，具卡式和聚片双晶，2-3 环的正环带常见，程度不一的钠黝帘石化，不同的晶体和同一晶体的不同部位蚀变程度有差异，斜长石的长轴杂乱分布（照片 10-18-1）。暗色矿物被浅绿色的阳起石（*Act*）和绿帘石（*Ep*）集合体完全代替（照片 10-18-2）。次生阳起石多为定向分布的杆柱状集合体，该集合体常保留了原暗色矿物的大致轮廓；绿帘石为微粒状和细微黏土状集合体，突起高，糙面显著。

照片 10-19　YssB-10

　　灰色白云母石英片岩：鳞片粒状变晶结构，断续条纹状构造，片状构造。变晶矿物白云母、石英和长石、等为岩石组分。石英多具拉长趋势，棱边以锯齿状为主，常呈不规则粒状和短柱状，个别长条状。白云母鳞片的切面多近长条状，明显斜列、弯曲。石英和白云母分布不均匀具成分差异的断续状条纹。白云母的长轴与石英的棱边平行接触，彼此稳定共生，矿物的长轴定向形成片理，白云母富集条纹明显褶曲。

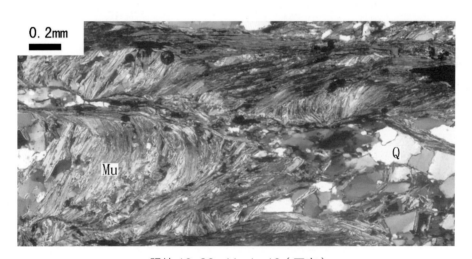

照片 10-20　Yssb-10（正交）

　　白云母石英片岩：鳞片粒状变晶结构，断续条纹状构造，片状构造。变晶矿物白云母（Mu 36%）、石英（Q 60%）和长石（3%）等为岩石组分。石英多具拉长趋势，为不规则粒状、短柱状和长条状，长轴 $0.05\sim0.5mm$，强烈波带状消光。白云母鳞片的切面多近长条状，长轴 $0.02\sim0.06mm$，明显斜列、弯曲。长石退变完全被细微的绢-白云母集合体代替。石英和白云母分布不均匀具成分差异的断续状条纹。白云母的长轴与石英的棱边平行接触，彼此稳定共生，矿物的长轴定向形成片理，对应力敏感的白云母富集条纹明显褶曲。

二、热液交代蚀变型玉矿床——肃南县老君庙蛇纹岩玉矿

1. 成矿地质背景

老君庙蛇纹石玉矿位于祁连山山系,大地构造位于祁吕贺兰山字型前弧西翼褶皱带。处于两条北西向断裂夹持部位,受构造－岩浆的双重控制,成矿地质条件十分有利。

区内出露地层主要为下元古界下岩组,岩性以矽线石黑云斜长片麻岩、石榴石奥长片麻岩、钾长疏斑混合质条痕状片麻岩、蛇纹石化大理岩为主。走向北西,受走廊南山弧形褶皱带影响,北侧倾向于北东,倾角约50°,南侧倾向于南西,倾角约72°。区内断裂发育,主要集中于北东部和南西部。按其展布方向可分北西向、北东向二组。其中北西向断裂走向上呈舒缓波状弯曲,断裂面倾向西局部倾向北,均属压扭性质。北东向断裂规模不大,长度一般＜5km,以平推断层为主,断裂旁侧岩石片理化发育。区内加里东晚期花岗岩侵入下元古界地层,加里东晚期超基性岩侵入奥陶系地层,沿构造方向呈岩株状产出,该岩体与蛇纹石玉成矿有关。

2. 矿床地质特征

矿区出露的地层主要为下元古界下岩组(Pt_1^1),岩性主要为中细粒岩屑石英杂砂岩、泥硅质板岩、大理岩、蛇纹石化大理岩、斜长角闪变粒岩、黑云母斜长角闪岩及石英片岩。地层总体呈北西西向展布,此外在沟谷区还发育有少量第四系全新统冲洪积。区内赋矿层位为大理岩层,厚度260~540m,平均厚度450m(图10-1)。

区内构造不发育,仅有一条断层F1呈北西西走向展布,与矿体基本平行。该断层面倾角较陡,一般在50°~75°之间,为产于蛇纹石化大理岩中的正断层,延伸大于1km,仅在地表工程揭露地段有较明显出露。在断裂带两侧节理裂隙发育,岩石较破碎,沿裂隙有后期石英脉呈网脉状充填,石英脉自上而下有变宽趋势,沿断裂带发育有磁铁矿化、黄铁矿化、褐铁矿化等。该断层与矿体走向基本一致,沿北西西方向贯穿矿化带,与成矿关系不大。

区内侵入岩主要为超基性岩体,该岩体已完全自变质形成蛇纹岩,形成区内的蛇纹石玉石矿体,未见其他侵入岩出露。

区内的蛇纹石玉石矿体是以蛇纹石为主要矿物的玉石,经化学分析还原变质岩原岩可知,该蛇纹石主要由超基性岩自变质形成。该蛇纹石化蚀变程度较高,一般蛇纹石含量均超过60%,原岩完全变质,未见超基性岩残留。

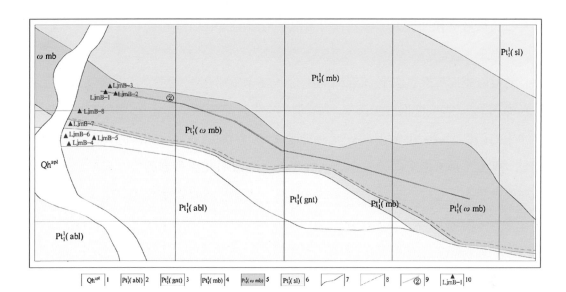

图 10-1　肃南县老君庙蛇纹岩玉矿矿区地质草图

　　1—第四系冲洪积物：砂土、砾石、碎石及黄土；2—下元古界下岩组：黑云母角闪岩夹石英
片岩；3—下元古界下岩组：斜长角闪变粒岩；4—下元古界下岩组：大理岩；5—下元古界下岩组：
蛇纹石化大理岩；6—下元古界下岩组：泥硅质板岩夹片岩；7—实测整合地质界线；8—实（推）测
正断层；9—矿体位置及编号；10—标本采集位置及编号。

　　围岩蚀变主要包括蛇纹石化、碳酸盐化、透闪石化、硅化、褐铁矿化、黄铁矿化等。

3. 矿体特征

　　矿体主要赋存下元古界（Pt_1）大理岩中，围岩为蛇纹石化大理岩。矿体出露不完整，地势较陡，大部地段出露好，仅在局部区域有少量覆盖层。受风化作用，岩石表面较破碎。

　　矿体沿走向变化不大，总体为北西走向，倾向南西，倾角在60°~70°之间。此次共圈出蛇纹石玉石矿体2条，分别为①、②号矿体。特征分别叙述如下：

　　①号矿体：矿体为蛇纹石玉石矿体，品质为祁连彩玉五等级。呈脉状、带状产出，矿体长375m，厚度0.99~3.96m，平均厚度2.20m；走向108°~117°，倾向198°~207°，倾角65°~70°。矿体产于蛇纹石化大理岩中，与围岩产状基本一致。具碳酸岩化、透闪石化、透辉石。

　　②号矿体：矿体为蛇纹石玉石矿体，品质为祁连彩玉五等级。呈脉状、带状产出，矿体长700m，厚度0.83~6.56m，平均厚度2.11m；走向113°~121°，倾向

203°~211°，倾角 65°~76°。矿体产于蛇纹石化大理岩中，与围岩产状基本一致。具强碳酸岩化、透闪石化。

蛇纹石玉石矿体的颜色以绿色为主，一般为灰绿色至黄绿色，夹有白色以及灰白色等多种颜色，依据甘肃省地方标准《祁连玉质量等级评定》（DB62/T 2346—2013）及《建材——非金属矿产地质工作指南》中"玉石和彩石矿产地质工作指南"，将其划分为祁连彩玉，并根据其质量划分为祁连彩玉五等级。矿体沿走向及倾向均较稳定，连续性好。

4. 矿石特征

矿物成份主要为蛇纹石、透闪石、透辉石、方解石等。蛇纹石为主要矿物，含量 60%~95%，蛇纹石一般淡黄绿色至深绿色，以灰绿色居多，定向 - 半定向排列，粒径多在 0.1mm 以下，具纤维交织结构，叶片状、纤维状集合体，块状构造；透闪石一般呈深绿色，含量 3%~15%，呈纤维状集合体，杂乱无定向排列，粒径一般在 0.20~0.30mm 左右，透闪石含量增多能提高玉石硬度，是玉石中的有益矿物成份；透辉石含量一般小于 3%，纤维状、柱状集合体，杂乱无定向分布；方解石多呈粒状，含量 5%~25%，集合体呈斑块状、棉絮状分布于玉石中，影响玉石美观，成为玉石中主要杂质。

矿石中金属矿物主要为磁铁矿，均为脉石矿物，具半自形晶粒状结构，星点状构造，灰棕色，均质体，粒径在 0.04mm 以下，具强磁性，含量较少，均少于 5%，零星分布于矿石之中。

矿石结构主要有交代残留结构、显微鳞片变晶结构、不均匀粒状 - 纤维状变晶结构，其中蛇纹石玉石矿以显微鳞片变晶结构为主。

矿石构造主要有块状构造、条纹条带状构造、团块状构造。蛇纹石玉石矿以块状构造为主，围岩以条纹条带状构造及团块状构造为主。

矿石类型分为块状矿石、团块状矿石、条纹条带状矿石及云雾状矿石 4 种，蛇纹石玉石矿以块状矿石为主，团块状矿石及条纹条带状矿石多见于围岩当中。

5. 矿石物理性质

（1）颜色及花纹

区内蛇纹石玉石以绿色为主，一般为灰绿色至黄绿色，夹有白色以及灰白色等多种颜色。蛇纹石玉石花纹较少，一般为方解石呈细脉网脉状形成杂状嵌于矿石中。

（2）光泽度

蛇纹石玉石光泽度最高可达 108°，一般为 100° 左右。

（3）透明度

蛇纹石玉石矿总体为微透明－半透明。质地细腻者为半透明，蛇纹石含量高者透明度较高。

（4）力学性质

经测试，蛇纹石玉石矿石机械强度均较高。

（5）体重

蛇纹石玉石矿与围岩体重接近，矿石密度最大 2.78g/cm³，最小 2.57g/cm³，密度变化范围多集中在 2.65~2.69g/cm³，蛇纹石玉及围岩平均密度 2.68g/cm³。蛇纹石玉石平均密度 2.69g/cm³。

（6）硬度

蛇纹石玉矿石的摩氏硬度值介于 3.5~4.5 之间，均不能超过 5.0。通常质地致密细腻，透闪石含量高者，硬度稍高。而质地较粗，含方解石较多者硬度偏低，一般为 3.5~4。

（7）吸水率及抗风化性能

蛇纹石玉石矿吸水率最大 0.76%，最小 0.74%，平均 0.75%；围岩吸水率最大 0.75%，最小 0.65%，平均 0.70%。矿体和围岩吸水率均略有偏高，抗风化性能一般。

（8）放射性

依据矿石放射性元素比活度检测结果及《玻璃硅质原料　饰面石材　石膏　温石棉　硅灰石　滑石　石墨矿产地质勘查规范》（DZ/T 0207—2002）中"天然石材产品放射防护分类控制标准"，区内矿石放射性水平为 A 类，矿石中镭当量比活度 $a_{Ra}^{e}=124\pm3Bq\cdot kg^{-1}$，属使用范围不受限制的岩石，其外照射指数 Ir=0.3，对人体无放射性危害。

6.矿床成因

矿体赋存于变质岩系中，具有一定的层位，矿石化学成分反映原岩为沉积碳酸盐岩和超基性岩，结合矿石结构构造和矿物成分及镜下鉴定资料表明，矿床具有区域变质、接触交代变质及超基性岩自变质的多重特征。

首先，原始沉积的硅质、镁质碳酸盐岩（局部可能含有泥质条带或团块）在区域变质过程中形成了大理岩，其中的泥质条带和团块形成了以微细粒的绿帘石、石英、绿泥石、云母等矿物组合的条带和团块。后期由于加里东晚期侵入岩的热液活动，而使区域变质形成的产物又发生了接触交代变质作用的改造，在与热液接触地段和热液影响范围内形成了蛇纹石化的大理岩。

该矿床为一区域变质—接触交代变质—超基性岩自变质型矿床，区内蛇纹石玉石矿主要为超基性岩自变质形成，围岩蛇纹石化大理岩主要为区域变质和接触变质形成。

7. 标本采集简述

老君庙蛇纹岩玉矿区共采集岩矿石标本 8 块（表 10-2）。其中矿石标本 3 块，岩石标本 5 块，矿石标本岩性为杂色强蛇纹石化辉石岩、深灰绿色磁铁矿化蛇纹石岩、浅黄绿色含蛇纹石大理岩；岩石标本岩性为白色微糜棱岩化中粗粒长石石英砂岩、灰绿色变安山质岩屑晶屑凝灰岩、灰褐色微糜棱岩化细中粒长石石英砂岩、浅灰色二云母钾长片麻岩、白色断续条带状方解石透辉石岩。本次采集的标本基本覆盖了老君庙蛇纹岩玉矿不同类型的矿石、岩石，较全面地反映了祁连地区热液交代蚀变型蛇纹岩玉矿的地质特征。

表 10-2 老君庙蛇纹岩玉矿采集典型标本

序号	标本编号	标本岩性	标本类型	光片编号
1	LjmB-1	杂色强蛇纹石化辉石岩	矿石	Ljmb-1
2	LjmB-2	深灰绿色磁铁矿化蛇纹石岩	矿石	Ljmb-2
3	LjmB-3	浅黄绿色含蛇纹石大理岩	矿石	Ljmb-3
4	LjmB-4	白色微糜棱岩化中粗粒长石石英砂岩	围岩	Ljmb-4
5	LjmB-5	灰绿色变安山质岩屑晶屑凝灰岩	围岩	Ljmb-5
6	LjmB-6	灰褐色微糜棱岩化细中粒长石石英砂岩	围岩	Ljmb-6
7	LjmB-7	浅灰色二云母钾长片麻岩	围岩	Ljmb-7
8	LjmB-8	白色断续条带状方解石透辉石岩	围岩	Ljmb-8

8. 岩矿石标本及光薄片照片说明

照片 10-21　LjmB-1

杂色强蛇纹石化辉石岩：纤维状变晶结构，残余粒柱状镶嵌结构，块状构造。岩石组分包括辉石和次生矿物蛇纹石、菱镁矿等。辉石多具较浑圆状的轮廓。蛇纹石主要为定向分布的纤维状集合体。菱镁矿从自形的菱面体到不规则的他形粒状均有，常富集成断续脉状。

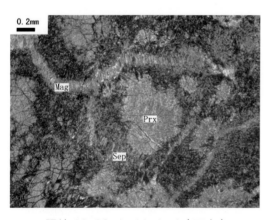

照片 10-22-1　Ljmb-1（正交）

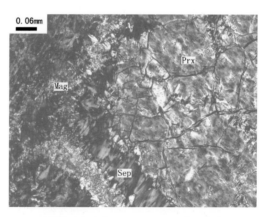

照片 10-22-2　Ljmb-1（正交）

强蛇纹石化辉石岩：纤维状变晶结构，残余粒柱状镶嵌结构，块状构造。辉石（*Prx* 23%）和次生矿物蛇纹石（*Sep* 69%）、菱镁矿（*Mag* 8%）等为岩石组分。辉石的晶体边缘和解理缝不同程度的被菱镁矿和蛇纹石集合体蚕食交代，多具较浑圆状的轮廓（照片 10-22-1），蚀变从里到外分别为蛇纹石和菱镁矿（照片 10-22-2），具分带性，强蚀变区仅具辉石假象。辉石高正突起，干涉色鲜艳，属单斜辉石。蛇纹石主要为定向分布的纤维状集合体，正低突起，一级深灰干涉色，近于平行消光。菱镁矿从自形的菱面体到不规则的他形粒状均有，常富集成 0.03~1.0*mm* 宽的断续脉状。

照片 10-23　LjmB-2

　　深灰绿色磁铁矿化蛇纹石岩：纤维状变晶结构，块状构造。岩石由蛇纹石（95%）、磁铁矿
（4%）和少量透闪石等组成。蛇纹石多为纤维状集合体，蛇纹石集合体总体杂乱分布。短状柱透
闪石多单晶体状分散分布在蛇纹石集合体中。

照片 10-24-1　Ljmb-2（正交）

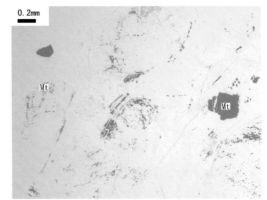

照片 10-24-1　Ljmb-2（单偏光）

　　深灰绿色磁铁矿化蛇纹石岩：纤维状变晶结构，块状构造。岩石由蛇纹石（*Sep* 95%）、磁
铁矿（*Mt* 4%）和透闪石（*Tl*）等组成。蛇纹石多为纤维状集合体（照片 10-24-1），个别晶体为微
斜列的叶片状，蛇纹石集合体总体杂乱分布。短状柱透闪石多单晶体状分散分布在蛇纹石集合体
中。磁铁矿包括原生和次生两种（照片 10-24-2），原生磁铁矿为粒径相对粗大且自形程度不同
的粒状，单晶体状分散分布；次生磁铁矿为微粒状和粉末状集合体，局部略富集。

照片 10-25 LjmB-3

浅黄绿色含蛇纹石大理岩：浅黄绿色，纤维粒状变晶结构，渐变条纹构造。岩石由蛇纹石和方解石组成。蛇纹石为纤维状集合体，常富集成具成分差异的渐变条纹。方解石的自形程度和粒径相差较大，长轴略显定向。

照片 10-26 Ljmb-3（正交）

浅黄绿色含蛇纹石大理岩：纤维粒状变晶结构，渐变条纹构造。蛇纹石（Sep 12%）和方解石（Cal 88%）为岩石组成物。蛇纹石为纤维状集合体，多富集成边缘截然且具一定轮廓的多边形团块，应为交代其他矿物的产物，常富集成具成分差异的渐变条纹。方解石的自形程度和粒径相差较大，晶面亮净，彼此的接触面从平直到弯曲状均有，并见 120° 的三边稳定态结构，长轴略显定向。

照片 10-27 LjmB-4

白色微糜棱岩化中粗粒长石石英砂岩：白色，微糜棱结构，变余中粗粒砂状结构，定向构造。岩石受微糜棱岩化和重结晶改造，砂状结构清晰。粒状变余碎屑物石英、长石和岩屑石英岩等的边缘趋于圆化，白云母则不同程度的斜列状。长石完全被以绢云母为主的集合体代替。

照片 10-28 Ljmb-4（正交）

微糜棱岩化中粗粒长石石英砂岩：微糜棱结构，变余中粗粒砂状结构，定向构造。岩石受微糜棱岩化和重结晶改造，砂状结构清晰。粒状变余碎屑物石英（Q）、长石和岩屑石英岩（Qp）等的边缘趋于圆化，白云母（Mu）则不同程度的斜列状。石英碎屑波带状和云团状消光；长石完全被以绢云母（Ser）为主的集合体代替。重结晶组分包括石英微晶和绢-白云母微鳞片等，集合体状绕过变余碎屑物，长轴与碎屑物的定向一致。

照片 10-29　LjmB-5

　　灰绿色变安山质岩屑晶屑凝灰岩：灰绿色，变余岩屑晶屑凝灰结构，块状构造。晶屑、岩屑和变质新生矿物为岩石组分。晶屑斜长石不同程度的钠黝帘石化。岩屑为成分单一的安山岩。晶屑和岩屑相对均匀分布。

照片 10-30-1　Ljmb-5（正交）

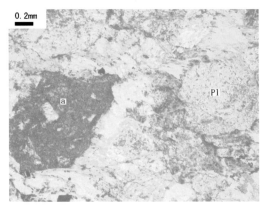

照片 10-30-2　Ljmb-5（单偏光）

　　灰绿色变安山质岩屑晶屑凝灰岩：变余岩屑晶屑凝灰结构，块状构造。晶屑、岩屑和变质新生矿物为岩石组分。晶屑斜长石（Pl）具炸裂和熔蚀的双重特征，有的晶体沿解理明显裂开，不同程度的钠黝帘石化，晶面多浑浊，隐隐可见较宽的聚片双晶纹（照片 10-30-1）。岩屑为刚性的棱角状（照片 10-30-2），成分为单一的安山岩。晶屑和岩屑相对均匀分布，长轴无定向性。新生矿物包括绿泥石（Chl）、方解石（Cal）和绿帘石等，完全集合体状分布在岩屑和晶屑周围，应属火山灰的变质产物。

照片 10-31　LjmB-6

　　灰褐色微糜棱岩化细中粒长石石英砂岩：灰褐色，微糜棱结构，变余细中粒砂状结构，定向构造。岩石受轻微糜棱岩化和重结晶改造，砂状结构清晰。石英、长石和岩屑石英岩等略显定向拉长。

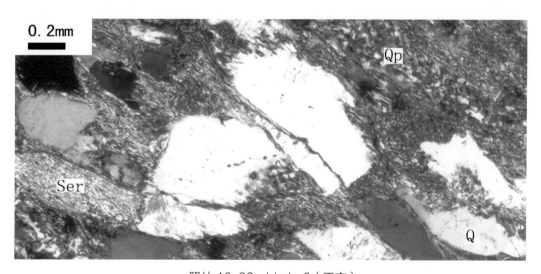

照片 10-32　Ljmb-6（正交）

　　灰褐色微糜棱岩化细中粒长石石英砂岩：微糜棱结构，变余细中粒砂状结构，定向构造。岩石受轻微糜棱岩化和重结晶改造，砂状结构清晰。石英（Q）、长石和岩屑石英岩（Qp）等粒状碎屑物受韧性应变边缘趋于圆化，并略显定向拉长。石英碎屑波带状消光；长石被以绢云母（Ser）为主的集合体完全代替仅具碎屑轮廓假象。重结晶的新生矿物包括石英微晶和绢-白云母微鳞片等，完全集合体状绕过变余碎屑物定向分布。

照片 10-33　LjmB-7

　　浅灰色二云母钾长片麻岩：浅灰色，鳞片粒状变晶结构，渐变条纹构造，弱片麻状构造。岩石由变晶矿物石英、钾长石、白云母、黑云母和斜长石等组成。受轻微韧性变形，石英略显拉长；云母片不同程度的斜列和弯曲。云母片和长英质矿物相互富集，具成分差异的渐变条纹。各类矿物的长轴平行该条纹，具弱片麻理。

照片 10-34-1　Ljmb-7（正交）　　　　　　照片 10-34-2　Ljmb-7（单偏光）

　　浅灰色二云母钾长片麻岩：鳞片粒状变晶结构，渐变条纹构造，弱片麻状构造。岩石由变晶矿物石英（Q 54%）、钾长石（Kf 24%）、白云母（Mu 12%）、黑云母（Bi 8%）和斜长石（2%）等组成。受轻微韧性变形，石英略显拉长；粒径粗大的长石微破碎旋转棱边趋于圆化（照片 10-34-1）；云母片不同程度的斜列和弯曲，有的晶体近"鱼"状。云母片和长英质矿物相互富集，具成分差异的渐变条纹。各类矿物的长轴平行该条纹，具弱片麻理（照片 10-34-2）。

照片 10-35　LjmB-8

　　白色断续条带状方解石透辉石岩：灰白色，粒柱状变晶结构，渐变断续条带 – 团块状构造。岩石由透辉石、方解石和蛇纹石等组成。岩石具成分差异的渐变条带或团块，蛇纹石和方解石完全共生。

照片 10-36-1　Ljmb-8（正交）

照片 10-36-2　Ljmb-8（正交）

　　白色断续条带状方解石透辉石岩：粒柱状变晶结构，渐变断续条带 – 团块状构造。岩石由透辉石（*Di* 80%）、方解石（*Cal* 16%）和蛇纹石（*Sep* 4%）等组成。透辉石短柱状和近粒状，近多边形横断面具辉石式解理（照片 10-36-1），高正突起，干涉色相对鲜艳。方解石以晶形复杂的粒状为主，微量放射状。蛇纹石为纤维状集合体，集合体的边缘截然，并具多边形切面轮廓。岩石具成分差异的渐变条带或团块（照片 10-36-2），蛇纹石和方解石完全共生。

三、岩浆热液蚀变型矿床——武山县鸳鸯蛇纹岩玉

1. 成矿地质背景

武山鸳鸯玉矿位于西秦岭北缘、早古生代弧沟系之鸳鸯镇 – 关子镇蛇绿混杂岩带的西北端，主要为超基性岩（蛇纹岩），化学成分是蛇纹石、碳酸盐、滑石、磁铁矿及铬尖晶石等。属年青碧玉的一种。

出露地层比较简单，由老到新主要有震旦系黑云母石英片麻岩及斜长角闪岩；白垩纪紫红色厚层砾岩、砂砾岩与含砾粗砂岩互层；新近纪土黄色砂砾岩夹含砾泥质砂岩和第四纪残坡积层。

本区岩浆活动强烈，主要以侵入活动为主，岩浆岩类型自超基性岩到酸性岩均有发育。

本区内岩体的围岩总体倾向 345°~40°，倾角 54°~75°，具单斜构造，断裂以走向北北西的压性断裂较为发育，其次见有走向北东及近南北向的断层，但规模较小（图 10-2）。

2. 矿体特征

矿带由鸳鸯邱家峡至城北何家沟，长约 14km，宽约 0.5~2km（东段 150~300m，中段 1000~1500m，西段 1500~2000m），厚约 1000~3000m，储量 3.24 亿立方米，居世界第二位。矿体呈透镜状，由超基性岩中的橄榄石或辉石受岩浆期后热液作用形成。

3. 矿石特征

矿石类型有块状、条纹状、花斑状 3 个自然类型。块状蛇纹岩平均宽 82m，灰绿和黑绿底色中，不均匀分布有少量浅绿色斑点。条纹状蛇纹岩平均宽 26.5m，由各种绿色组成不同色调的相间条纹。花斑状蛇纹岩规模小且夹于块状岩中，上面有不同绿色的斑点或斑纹。

矿石吸水率小于 0.5%，硬度为莫氏 6 度，抗压强度为 898.3kg/cm^2，抗折强度 386.7kg/cm^2。化学成分为 MgO 39.11%，SO$_2$ 39.24%，Fe$_2$O$_3$ 5.45%，CaO 0.77%。结构细密、质地坚韧，抗压、抗折、抗分化性强，可琢性高，光洁晶莹，并呈墨绿、络绿、翠绿、橄榄绿、荧光淡绿等多种颜色，暗映天然纹理，恰似龙蛇舞动，云霓缭绕，典雅壮观而成为玉雕工艺品、高级家具配套镶嵌和高级板材的理想材料。

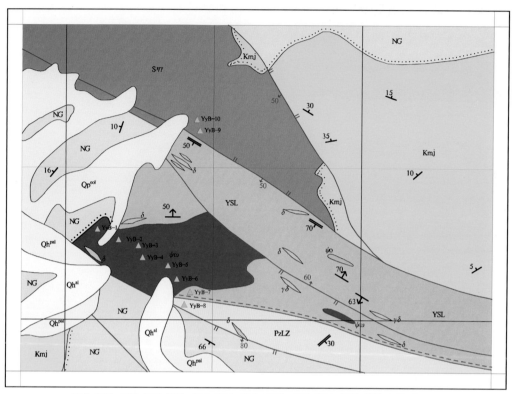

图 10-2　武山县鸳鸯蛇纹岩玉矿矿区地质草图

1—第四系全新统冲积物：松散砂砾土、黏土、亚黏土层；2—第四系全新统冲洪积物：砂土及亚黏土、亚砂土；3—新近系甘肃群：上部红色泥岩、粉砂质泥岩夹灰绿色、灰白色灰岩，中部褐色泥岩，下部砖红色砂砾岩；4—白垩系麦积山组：紫红色厚层砾岩、砂砾岩与含砾粗砂岩互层；5—下古生界李子园群：黑云二长变粒岩、黑云变粒岩夹长石石英岩、二长浅粒岩；6—蛇纹岩；7—二长花岗岩；8—鸳鸯镇蛇绿岩：基性火山岩、辉石岩、辉长岩、蛇纹岩；9—角闪岩脉；10—花岗闪长岩；11—闪长岩脉；12—实测整合界线；13—实测逆断层；14—实测正断层；15—地层产状；16—标本采集位置及编号。

4. 矿床成因

矿床成因属辉橄岩经岩浆期后热液蚀变形成。

5. 标本采集简述

鸳鸯蛇纹岩玉矿区共采集岩矿石标本 10 块（表 10-3）。其中矿石标本 5 块，岩石标本 5 块，矿石标本岩性为浅灰绿色磁铁矿化蛇纹石岩、灰绿色含菱镁矿蛇纹石岩、灰绿色菱镁矿蛇纹石岩、灰绿色磁铁矿化蛇纹石岩、灰绿色滑石蛇纹石岩；

岩石标本岩性为浅灰色蛇纹绿帘石岩、灰绿色强蛇纹石化辉石岩、灰色条带状二长浅粒岩、浅灰色细粒黑云二长花岗岩、浅灰色微糜棱岩化中细粒黑云二长花岗岩。本次采集的标本基本覆盖了鸳鸯蛇纹岩玉矿不同类型的矿石、岩石，较全面地反映了岩浆热液蚀变型玉矿床的地质特征。

表 10-3 鸳鸯蛇纹岩玉矿采集典型标本

序号	标本编号	标本岩性	标本类型	薄片编号
1	YyB-1	浅灰色蛇纹绿帘石岩	围岩	Yyb-1
2	YyB-2	浅灰绿色磁铁矿化蛇纹石岩	矿石	Yyb-2
3	YyB-3	灰绿色含菱镁矿蛇纹石岩	矿石	Yyb-3
4	YyB-4	灰绿色菱镁矿蛇纹石岩	矿石	Yyb-4
5	YyB-5	灰绿色磁铁矿化蛇纹石岩	矿石	Yyb-5
6	YyB-6	灰绿色强蛇纹石化辉石岩	围岩	Yyb-6
7	YyB-7	灰绿色滑石蛇纹石岩	矿石	Yyb-7
8	YyB-8	灰色条带状二长浅粒岩	围岩	Yyb-8
9	YyB-9	浅灰色细粒黑云二长花岗岩	围岩	Yyb-9
10	YyB-10	浅灰色微糜棱岩化中细粒黑云二长花岗岩	围岩	Yyb-10

6.岩矿石标本及光薄片照片说明

照片 10-37 YyB-1

浅灰色蛇纹绿帘石岩:浅灰色,纤维状、显微粒状变晶结构,不连续条带状构造。岩石组分由绿帘石、蛇纹石、滑石和磁铁矿等。蛇纹石纤维状,均为定向分布的致密状集合体。滑石为显微状鳞片。绿帘石微粒状和黏土状集合体。磁铁矿为自形程度不同的粒状,多分散分布,部分晶体聚集成团块状集合体。岩石具成分差渐变条带。

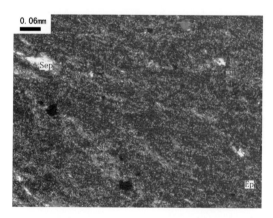

照片 10-38-1 Yyb-1(正交)

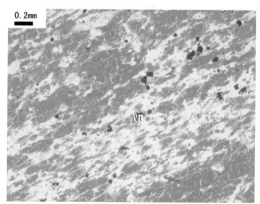

照片 10-38-2 Yyb-1(单偏光)

蛇纹绿帘石岩:纤维状、显微粒状变晶结构,连续条带状构造。岩石组分包括绿帘石(Ep 57%)、蛇纹石(Sep 31%)、滑石(Tc 9%)和磁铁矿(Mt 3%)等。蛇纹石纤维状,晶体长轴 0.02~0.5mm,均为定向分布的致密状集合体,低负突起,一级灰-灰白干涉色(照片 10-38-1)。滑石为干涉色鲜艳的显微状鳞片,多富集成 0.03~0.3mm 大小的弥散状集合体,空间上与蛇纹石集合体紧密伴生。绿帘石为高正突起的微粒状和黏土状集合体,微粒状晶体干涉色鲜艳。磁铁矿为自形程度不同的粒状,多分散分布,部分晶体聚集成 0.2~0.5mm 大小的团块状集合体。岩石具成分差异的渐变条带,条带宽 0.02~0.8mm(照片 10-38-2)。

照片 10-39　YyB-2

　　浅灰绿色磁铁矿化蛇纹石岩：新鲜面深灰绿色，风化面颜色较杂，总体呈灰绿色，纤维变晶结构，块状构造。岩石由蛇纹石、少量菱镁矿和磁铁矿等组成。蛇纹石多纤维状，部分晶体近叶片状，总体杂乱分布。

照片 10-40-1　Yyb-2（正交）

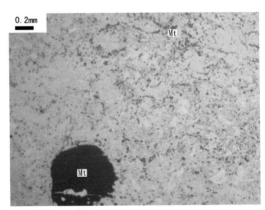

照片 10-40-1　Yyb-2（单偏光）

　　磁铁矿化蛇纹石岩：纤维变晶结构，块状构造。岩石由蛇纹石（*Sep* 92%）、菱镁矿（*Mag* 1%）和磁铁矿（*Mt* 5%）等组成。蛇纹石多纤维状（照片 10-40-1），部分晶体近叶片状，长轴 0.02~0.15*mm*，平行或近于平行消光，总体杂乱分布。菱镁矿为细小的不规则粒状，高级白干涉色，星点状分散分布。粒径相对粗大的原生磁铁矿为自形程度不同的粒状，分散分布；次生磁铁矿为粒径小于 0.02*mm* 的微粒状和粉末状集合体，均匀分布在蛇纹石集合体中。隐晶状铁质和滑石集合体充填在脆性微裂隙中，具褐色调（照片 10-40-2）。

照片 10-41　YyB-3

灰绿色含菱镁矿蛇纹石岩：灰绿色，粒状、叶片纤维变晶结构，块状构造。岩石由蛇纹石、菱镁矿和磁铁矿组成。蛇纹石为纤维状和叶片状，大小不等。菱镁矿为不规则粒状。

照片 10-42-1　Yyb-3（正交）

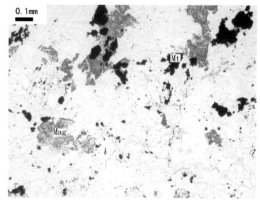

照片 10-42-2　Yyb-3（单偏光）

含菱镁矿蛇纹石岩：粒状、叶片纤维变晶结构，块状构造。岩石由蛇纹石（*Sep* 89%）、菱镁矿（*Mag* 8%）和磁铁矿（*Mt* 3%）组成。蛇纹石为纤维状和叶片状，长轴 0.02~0.3*mm*，大小不等、晶形不同的晶体均杂乱分布（照片 10-42-1）。菱镁矿多为不规则粒状，个别晶体具菱面体轮廓，粒径 0.02~0.15*mm*，闪突起明显。磁铁矿主要为粒径大于 0.04*mm* 的粒状，常单晶体状分散分布，局部略富集（照片 10-42-2）；微量粒径小于 0.02*mm* 的粉末状磁铁矿被蛇纹石包裹。

照片 10-43　YyB-4

　　灰绿色菱镁矿蛇纹石岩：灰绿色，粒状、纤维变晶结构，块状构造。岩石组分主要为蛇纹石
及少量的菱镁矿和磁铁矿。蛇纹石主要为纤维状。蛇纹石和菱镁矿基本均匀分布，长轴无定向。
磁铁矿星点状分散分布。

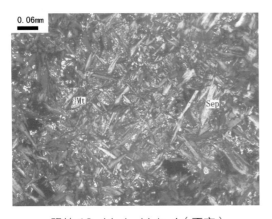

照片 10-44-1　Yyb-4（正交）

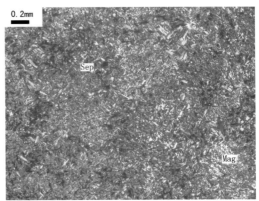

照片 10-44-2　Yyb-4（正交）

　　菱镁矿蛇纹石岩：粒状、纤维变晶结构，块状构造。岩石组分包括蛇纹石（Sep 73%）、菱镁
矿（Mag 26%）和磁铁矿（1%）等。蛇纹石主要为纤维状，少量晶体叶片状，长轴 0.02~0.2mm，
基本均匀杂乱分布。菱镁矿包含大小不等的蛇纹石或与蛇纹石晶体穿插生长，无平直连续的棱边
（照片 10-44-1），仅显近等轴粒状轮廓，粒径 0.02~0.15mm。蛇纹石和菱镁矿基本均匀分布（照
片 10-44-2），长轴无定向。磁铁矿多为 0.03~0.8mm 的粒状，星点状分散分布。

照片 10-45　YyB-5

灰绿色磁铁矿化蛇纹石岩：灰绿色，纤维状变晶结构，渐变条带状构造。岩石组分主要为蛇纹石和少量磁铁矿，蛇纹石为纤维状，大小连续，多杂乱分布，部分晶体成放射状集合体。磁铁矿主要为边缘弥散的粉末状集合体，少量晶体的边缘截然，多富集成渐变细条带。

照片 10-46-1　Yyb-5（单偏光）　　　　照片 10-46-1　Yyb-5（正交）

磁铁矿化蛇纹石岩：纤维状变晶结构，渐变条带状构造。蛇纹石（*Sep* 91%）和磁铁矿（*Mt* 6%）为岩石组分，蛇纹石为 0.05~0.3*mm* 的纤维状，大小连续，常杂乱分布，部分晶体成放射状集合体。磁铁矿主要为边缘弥散的粉末状集合体，少量晶体的边缘截然，切面为 0.025~0.1*mm* 的近多边形，磁铁矿多富集成 0.1~0.5*mm* 宽的渐变条带（照片 10-46-1）。菱镁矿（*Mag*）脉体横向延伸断续状，脉体的边缘与主体岩石渐变（照片 10-46-2），应属交代成因。菱镁矿为他形粒状或近菱面体状，粒径 0.03~0.3*mm*。

照片 10-47　YyB-6

灰绿色强蛇纹石化辉石岩：灰绿色，变余粒柱状镶嵌结构，块状构造。岩石由辉石和蛇纹石、滑石、磁铁矿等组成。

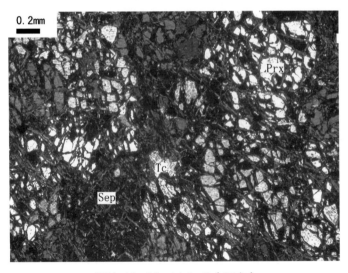

照片 10-48　Yyb-6（正交）

强蛇纹石化辉石岩：变余粒柱状镶嵌结构，网块状构造。残余辉石（*Prx* 54%）和次生蛇纹石（*Sep* 40%）、滑石（*Tc* 2%）、磁铁矿（4%）等为岩石组分。辉石被蛇纹石和滑石集合体蚕食交代成 0.03~0.3*mm* 的岛状团块，同一晶体被切割的不同团块具统一的消光位，据此可识别辉石的短柱状和近粒状轮廓，辉石残留体高正突起，柱面斜消光，应属单斜辉石。蛇纹石为 0.02~0.05*mm* 宽的纤维脉状集合体，晶体的长轴垂直脉体壁；滑石为片状和鳞片状集合体，长轴 0.02~0.3*mm*，干涉色鲜艳，近于平行消光，滑石仅分布在局部。

照片 10-49　YyB-7

　　灰绿色滑石蛇纹石岩：灰绿色，鳞片纤维变晶结构，块状构造。岩石由蛇纹石、滑石和微量磁铁矿等组成。蛇纹石均为纤维状。滑石为细小鳞片，多为致密程度差异的弥散状集合体。蛇纹石和滑石集合体在局部相互富集。

照片 10-50　Yyb-7（正交）

　　滑石蛇纹石岩：鳞片纤维变晶结构，近块状构造。岩石由蛇纹石（Sep 62%）、滑石（Tc 37%）和微量磁铁矿等组成。蛇纹石均为纤维状，多形成扇状或放射状集合体，长轴 0.02~0.3mm，干涉色为较低的一级灰。滑石为 0.02~0.1mm 的细小鳞片，干涉色为鲜艳的三级，多为致密程度差异的弥散状集合体，集合体内分布不等量的蛇纹石。蛇纹石和滑石集合体在局部相互富集，单晶体和集合体的长轴均无定向。

照片 10-51　YyB-8

　　灰色条带状二长浅粒岩：红色，局部为浅灰色，柱粒状变晶结构，渐变条带状构造。岩石由石英、斜长石、钾长石和微量黑云母等组成。岩石具 1~3mm 宽成分差异的渐变条带，变晶矿物的长轴略显与条带一致的定向性。

照片 10-52　Yyb-8（正交）

　　条带状二长浅粒岩：柱粒状变晶结构，渐变条带状构造。岩石由变晶矿物石英（Q 38%）、斜长石（Pl 26%）、钾长石（Kf 34%）和微量黑云母等组成。长石从棱边平直的近等轴粒状到不规则它形柱粒状均有，粒径 0.2~2.0mm，斜长石退变较强绢 – 白云母和碳酸盐化，晶体中心的蚀变普遍强于边缘；钾长石属具格子双晶和条纹构造的微斜条纹长石，微黏土和绢云母化。石英以他形粒状为主，个别晶体为棱边平直的糖粒状，粒径 0.1~1.8mm，普遍波带状消光。黑云母鳞片微绿泥石化。岩石具 1~3mm 宽成分差异的渐变条带（照片下部近东西向为石英的富集条带），变晶矿物的长轴略显与条带一致的定向性。

照片 10-53　YyB-9

　　浅灰色细粒黑云二长花岗岩：花岗结构，块状构造。岩石主要组分为斜长石（30%）、钾长石（37%）、石英（27%）和黑云母（5%）等，矿物粒径以 0.1~2.0*mm* 为主。长石多具宽板状、短柱状和近粒状的形态或轮廓；钾长石细脉状条纹发育的微斜条纹长石。石英为的不规则粒状。黑云母呈鳞片状。

照片 10-54-1　Yyb-9（正交）

照片 10-54-1　Yyb-9（正交）

　　细粒黑云二长花岗岩：花岗结构，块状构造。岩石主要组分为斜长石（*Pl* 30%）、钾长石（*Kf* 37%）、石英（*Q* 27%）和黑云母（*Bi* 5%）等，矿物粒径以 0.1~2.0*mm* 为主。长石多具宽板状、短柱状和近粒状的形态或轮廓，斜长石具卡式双晶和聚片双晶，较强绢－白云母和黏土化，晶面多较脏（照片 10-54-1）；钾长石属具卡式和格子双晶、点滴状和细脉状条纹发育的微斜条纹长石，包裹细粒斜长石，有的晶体被斜长石交代构成蠕英石（照片 10-54-2）。石英为晶面亮晶的不规则粒状，普遍波带状消光。黑云母鳞片具深褐－淡黄多色性，局部轻微退色白云母化，有的晶体微弯曲。

照片 10-55 YyB-10

　　浅灰色微糜棱岩化中细粒黑云二长花岗岩：微糜棱结构，花岗结构，略显定向构造。岩石造岩矿物为斜长石（32%）、钾长石（36%）、石英（26%）和黑云母（5%），粒径在 0.2~4.0*mm* 间。岩石受到轻微韧性变形，矿物轻微破碎细粒化和定向拉长，长轴略显定向。

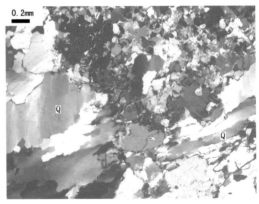

照片 10-56-1 Yyb-10（正交）　　　　　照片 10-56-2 Yyb-10（正交）

　　微糜棱岩化中细粒黑云二长花岗岩：微糜棱结构，花岗结构，略显定向构造。斜长石（*Pl* 32%）、钾长石（*Kf* 36%）、石英（*Q* 26%）和黑云母（*Bi* 5%）为岩石主要组分，粒径在 0.2~4.0*mm* 间。岩石受到轻微韧性变形，矿物轻微破碎细粒化和定向拉长，长轴略显定向（照片 10-56-1）。长石多具宽板状、短柱状和近粒状的形态或轮廓，斜长石具卡式和聚片双晶，受绢－白云母化晶面较浑浊；钾长石应属微斜条纹长石，客晶钠长石条纹以点滴状和微细脉状为主，可见被斜长石交代形成的蠕英石。石英明显定向拉长（照片 10-56-2），同时强烈波带状消光，消光影垂直晶体的拉长方向。黑云母鳞片深褐色，不同程度的退色白云母化，有的晶体明显斜列、弯曲。

结　语

一、图册编著经验

1. 图册编著实践本身就是一项科研工作，它不是单纯对资料的收集反映，而是必然要对资料概括和提炼，经过对资料的理论升华，提出一些新的做法、看法。在实践中进一步检验，使其不断丰富和完整起来。

2. 光薄片鉴定必须野外与室内相结合，野外标本采集人员要经常与光薄片鉴定人员进行沟通，使其鉴定结果更准确，以便提高图册编著的质量。

二、存在问题

1. 甘肃省用于冶金辅助原料，化工原料，建材等各方面的非金属类型多、矿种多，本次图册编著仅选择了 11 个矿种对应的 11 个典型矿床，远远不能满足人们认识和了解甘肃省非金属、玉石矿的要求。

2. 非金属矿床的研究程度不一，有些矿种（如石膏、水泥灰岩）地质工作程度和开发利用程度都较高。其他矿种研究程度较低，能收集到的地质资料较少，在图册编著时矿床地质资料略显不足，对图册编著的质量有较大影响。

3. 由于受基础资料收集和时间的限制，图册中的基础资料来自不同时段的地质报告及论文中，资料时限不统一。

三、致谢

本项目在标本采集时得到了图册选定 11 个矿床的矿山公司、甘肃地质博物馆等单位和有关人员的全力支持；在图册编著过程中得到了陈耀宇、柳生祥、彭措、梁志录、刘龙、马涛等的技术指导，在此特别致谢！

参考文献

[1]高鹏鑫，魏雪芳，史维鑫，等.中国典型矿床系列标本及光薄片图册：黑色金属、稀有、稀土金属、非金属[M].北京：地质出版社，2017:16-82，171-253.

[2]毛景文，张作恒，裴永富.中国矿床模型概论[M].北京：地质出版社，2013:290-304.

[3]裴永富.中国矿床模式[M].北京：地质出版社，1995:359-363.

[4]张新虎，刘建宏.甘肃省区域成矿及找矿[M].北京：地质出版社，2013:560-572.

[5]余超，张发荣，李通国，等.甘肃省重要矿产区域成矿规律研究[M].北京：地质出版社，2017:178-183，488-501.

[6]孙矿生.甘肃省矿产资源及地质灾害[M].兰州：甘肃科学技术出版社，2005:44-52.

[7]杨海明，高学渊.甘肃省建材非金属矿产资源勘查开发现状及其发展方向[J].中国非金属矿工业导刊.2011（05）:5-6.

[8]董旭明，吴培水，李艳兵，等.甘肃省主要建材、非金属矿产资源及其开发前景[J].中国非金属矿工业导刊，1999（04）:36-38.

[9]申瑞.甘肃省肃北县敖包山晶质石墨矿地质特征及找矿远景[J].科学与财富，2020（09）:65-68.

［10］闫启明，刘海里，任青惠.甘肃漳县马路里红柱石矿矿床地质特征及综合利用探讨［J］.甘肃地质，2011，20（4）:35-39.

［11］张丹青，杨菁，金霞，等.甘肃镁矿资源资源时空分布特征及成矿规律探讨［J］.甘肃地质，2019，55（6）:19-23.

［12］张良旭，吕鸿图，陈怀录，等.蒋家山方解石矿的发现及其意义［N］.兰州大学学报（自然科学版），1984-1-25（178）.

［13］葛云龙，王时麒，于洗，等.甘肃省武山县鸳鸯玉的地球化学和宝石学特征［J］.岩石矿物学杂志，2011，30（增）:151-161.

［14］邱林林，李雪涛.甘肃省肃南县老君庙蛇纹石玉矿床地质特征及矿床成因［J］.中国非金属矿工业导刊，2018，36（2）:50-52.